U0113675

糖匠

曹保明　著

中国文史出版社

图书在版编目（CIP）数据

糖匠／曹保明著 . -- 北京：中国文史出版社，
2021. 10
ISBN 978 - 7 - 5205 - 3120 - 7

Ⅰ . ①糖… Ⅱ . ①曹… Ⅲ . ①糖品 - 食品加工 - 介绍
- 吉林②糖品 - 食品加工 - 手工业工人 - 介绍 - 吉林
Ⅳ . ①TS24②K828. 1

中国版本图书馆 CIP 数据核字（2021）第 176193 号

责任编辑：金硕　刘华夏

出版发行：**中国文史出版社**
社　　址：北京市海淀区西八里庄路 69 号院　　邮编：100142
电　　话：010 - 81136606　81136602　81136603　81136605（发行部）
传　　真：010 - 81136655
印　　装：北京温林源印刷有限公司
经　　销：全国新华书店
开　　本：660 × 950　1/16
印　　张：14
字　　数：150 千字
版　　次：2022 年 1 月北京第 1 版
印　　次：2022 年 1 月第 1 次印刷
定　　价：49. 00 元

文史版图书，版权所有，侵权必究。
文史版图书，印装错误可与发行部联系退换。

心怀东北大地的文化人

——曹保明全集序

二十余年来，在投入民间文化抢救的仁人志士中，有一位与我的关系特殊，他便是曹保明先生。这里所谓的特殊，源自他身上具有我们共同的文学写作的气质。最早，我就是从保明大量的相关东北民间充满传奇色彩的写作中，认识了他。我惊讶于他对东北那片辽阔的土地的熟稔。他笔下，无论是渔猎部落、木帮、马贼或妓院史，还是土匪、淘金汉、猎手、马帮、盐帮、粉匠、皮匠、挖参人，等等，全都神采十足地跃然笔下；各种行规、行话、黑话、隐语，也鲜活地出没在他的字里行间。东北大地独特的乡土风习，他无所不知，而且凿凿可信。由此可知他学识功底的深厚。然而，他与其他文化学者明显之所不同，不急于著书立说，而是致力于对地域文化原生态的保存。保存原生态就是保存住历史的真实。他正是从这一宗旨出发确定了自己十分独特的治学方式和写作方式。

首先，他更像一位人类学家，把田野工作放在第一位。多年里，我与他用手机通话时，他不是在长白山里、松花江畔，就是在某一个荒山野岭冰封雪裹的小山村里。这常常使我感动。可是民间文化就在民间。文化需要你到文化里边去感受和体验，而不是游客一般看一眼就走，然后跑回书斋里隔空议论，指手画脚。所以，他的田野工作，从来不是把民间百姓当作索取资料的对象，而是视作朋友亲人。他喜欢与老乡一同喝着大酒、促膝闲话，用心学习，刨根问底，这是他的工作方式乃至于生活方式。正为此，装在他心里的民间文化，全是饱满而真切的血肉，还有要紧的细节、精髓与神韵。在我写这篇文章时，忽然想起一件事要向他求证，一打电话，他人正在遥远的延边。他前不久摔伤了腰，卧床许久，才刚恢复，此时天已寒凉，依旧跑出去了。如今，保明已过七十岁。他的一生在田野的时间更多，还是在城中的时间更多？有谁还像保明如此看重田野、热衷田野、融入田野？心不在田野，谈何民间文化？

更重要的是他的写作方式。

他采用近于人类学访谈的方式，他以尊重生活和忠于生活的写作原则，确保笔下每一个独特的风俗细节或每一句方言俚语的准确性。这种准确性保证了他写作文本的历史价值与文化价值。至于他书中那些神乎其神的人物与故事，并非他的杜撰；全是口述实录的民间传奇。

由于他天性具有文学气质，倾心于历史情景的再现和事物的形象描述，可是他的描述绝不是他想当然的创作，而全部来自口述者的亲口叙述。这种写法便与一般人类学访谈截然不同。他的写作富于一种感性的魅力。为此，他的作品拥有大量的读者。

作家与纯粹的学者不同，作家更感性，更关注民间的情感：人的情感与生活的情感。这种情感对于拥有作家气质的曹保明来说，像一种磁场，具有强劲的文化吸引力与写作的驱动力。因使他数十年如一日，始终奔走于田野和山川大地之间，始终笔耕不辍，从不停歇地要把这些热乎乎感动着他的民间的生灵万物记录于纸，永存于世。

二十年前，当我们举行历史上空前的地毯式的民间文化遗产抢救时，我有幸结识到他。应该说，他所从事的工作，他所热衷的田野调查，他极具个人特点的写作方式，本来就具有抢救的意义，现在又适逢其时。当时，曹保明任职中国民协的副主席，东北地区的抢救工程的重任就落在他的肩上。由于有这样一位有情有义、真干实干、敢挑重担的学者，使我们对东北地区的工作感到了心里踏实和分外放心。东北众多民间文化遗产也因保明及诸位仁人志士的共同努力，得到了抢救和保护。此乃幸事！

如今，他个人一生的作品也以全集的形式出版，居然洋洋百册。花开之日好，竟是百花鲜。由此使我们见识到这位卓尔不群的学者一生的努力和努力的一生。在这浩繁的著作中，还叫我看到一个真正的文化人一生深深而清晰的足迹，坚守的理想，以及高尚的情怀。一个当之无愧的东北文化的守护者与传承者，一个心怀东北大地的文化人！

当保明全集出版之日，谨以此文，表示祝贺，表达敬意，且为
序焉。

2020. 10. 20

天津

越看越心动

年年有个二十三

糕糖甜饼祭苍天

十里长街走一趟

灶糖摊子摆成行

那灶糖，甜又香

冻手冻脚也买糖

买了灶糖祭灶王

留下一块给俺尝

……

　　每一个孩子，都有难忘的童年。特别是在北方，一进腊月，人们就开始盼年啦。盼年，先盼"小年"，这小年，就是腊月二十三。这一天，家家都要祭灶，送灶王上天，而送灶王，最为难忘的是给灶王供灶糖……

　　据说，祭灶用灶糖，是为了让灶王吃了糖，再上天见玉皇，尽说好话，或者说糖是甜的，灶王吃了说话好听。所以，给灶王供糖，不过是人的一种联想或者说是希望，但是无形中促成了中国民间的一个"糖匠节"，这一天，实际是中国民间的传统做糖日，而且据说已有很长的历史了。

腊月，是北方最寒冷的日子，往往是刮着寒风，下着大雪。可是，无论多么寒冷，人们还是愿意走上街头去买糖（灶糖），这个日子，又是糖匠的日子。其实在民间，一进腊月，就是糖匠的日子啦，干什么？造糖啊。许多行业、工匠，没有自己的节日，而糖匠有，说明这一行古老而有趣。所以，这是一个越看越心动的日子，越想越心动的日子，也是一个越听越心动的故事。

目录 Contents

糖作坊又称制糖业，是类似糕点业的行当。

这一行当的祖师有雷祖、杜康仙娘、鲁班、老君、土地神、梅仙和赵昂等。

据李乔先生在《中国行业神崇拜》一书中记载，清代长沙制糖业供奉雷祖、杜康仙娘。《会馆简表》载：长沙善化糖坊，自乾隆、嘉庆年间以来章程划一，祭祀雷祖、杜康仙娘。

供奉雷祖的原因不详。糖作坊供奉杜康仙娘，大概与酿醋业供奉杜康一样，都是从酒业奉杜康衍出的，因制糖与酿酒有相似之处。

据《采风录》载，内江糖作坊各工种所奉之神不同，过搞匠（将甘蔗送入辊子间压榨的工匠）、辊子匠（安装、修理榨蔗设备的工匠）奉鲁班，熬糖工奉老君，刀把（砍运甘蔗的工人）奉土地神或梅仙，糖作坊老板奉坛神赵昂。过搞匠、辊子匠奉鲁班，当因鲁班是匠作宗师。熬糖工奉老君，当因熬糖用炉火，老君是炉神。刀把奉土地神，当因甘蔗长在地上。奉梅仙原因不详（梅仙，应为狩猎神祖）。坛神赵昂为四大财神之一，相传其原为盗，行窃时被人发觉，藏身于神龛下，后成为财神。糖作坊老板为求财而祀之。

而制糖和卖糖人又有不同的祖师供奉。

《湖北民间故事·糖人担的祖师爷》云，挑糖人担串村游乡的祖师爷是明朝开国军师刘伯温。又记传说：刘伯温为躲避朱元璋杀功臣而想溜掉，便上奏佯称山西要出能人与朱家争天下，需亲去那里立块龙碑把那人的风水破掉。刘走后，朱元璋起了疑心，便派一个太监前往监视。刘伯温将这个太监灌醉后，换上道袍，化装成风水先生溜走了。太监醒来后便到处搜捕穿道袍的风水先生。有个挑糖人担的遇到刘伯温后把险情告诉了他，并把自己的糖人担子送给了他。刘伯温便乔装成挑糖人担的小贩躲过了追捕。从此，刘伯温索性以挑糖人担为业了。后来挑糖人担的便奉刘伯温为祖师爷。

这个传说只有一点历史因由，就是刘伯温因怕朱元璋猜忌而辞官，旧戏《刘基辞朝》即说此事。

《十女夸夫》中卖糖贩的妻子夸夫时说到卖糖的奉史太奈为祖师：

> 七十二行不如卖糖好，
>
> 听我把卖糖夸一回：
>
> 一出门，
>
> 铜锣先打十三梆，
>
> 做官不能有此威，
>
> 终朝每日绕街串，

九门提督不让谁！

史太奈本是我们祖，

我们祖师不委祟。

不知史太奈为何人。《七十二行》云，据说吹糖人的奉女娲为祖师，因为女娲曾抟土造人。烧糖稀的马勺传说是女娲补天用过的工具。

卖糖贩有奉"卖糖孝子"为祖师者，吴恭亨《对联话》卷一云：

相传有一孝子贫，无以养父母，以卖饧之羡奉甘旨，其后业饧者遂祀孝子为先饧。

饧即古"糖"字，业饧者即卖糖贩，先饧如同先农、先蚕，为卖糖祖师。有对联咏此祀道：

菽水承欢，一孝能存千古味；饧箫满市，几声吹暖二人心。

孝子卖糖养亲，既契合卖糖业特征，又为道德典范，故被卖糖贩奉为祖师。

还有一个典型的传说，据罗常明先生搜集的资料记载，糖是杜康的妻子造的。

传说一天，杜康吃了晌午饭，收碗筷的时候，把一碗剩下的糯米饭顺手倒在了一个竹筒筒里，准备晚上热了当夜宵吃。碗筷收了以后，因有要紧事就急急忙忙出门去了。七天后，杜康回家一看竹筒筒里的饭还未倒出来，估计那些饭一定是馊了。哪晓得，他把竹筒盖刚掀开，一股香喷喷的气味冲了出来。他感到诧异，用舌舔，又香又甜，还有些醉人。为啥米饭没有沤馊反而香甜醉人呢？他感到奇怪，就又仔细看了一下，发现原来那竹筒筒里曾经装过发酵药，后来他把发酵药拌在饭里，反复试验了好几次，结果就发明了酒。

杜康发明酒后，不少乡亲和朋友都来祝贺他。于是，他以为自己不得了，就趾高气扬，到处炫耀自己。他老婆劝他，他不但不听，反而质问他老婆："那你也造个新玩意儿出来嘛！"

杜妻听后，说："人不可貌相，海水不可斗量，不要以为别人就搞不出个名堂来！"

杜康说："莫说那么多，你若能弄得出个啥新玩意儿呀，我就手板心上煎豆腐给你吃。"

杜妻说："好，一言为定，男子汉说话要算话哟！"

杜康满不在乎地说："算话，算话！"

杜康的妻子出嫁前，不但屋里头的针线活计样样都行，地里的活计她也算得上是个好把式。有年秋天，遇到落绵绵雨，坡上熟了的谷子收不回来，有的就发了芽。这些发了芽的谷子放又放不得，煮饭吃又不好吃，只好弄来推成粉，揉起蒸粑粑吃。说来也怪，用发芽的谷子推成的粉做成的粑粑又香又甜。杜妻又想，如果把发了芽的谷子弄来煮，说不定也可以搞出点啥新玩意儿来。于是她把谷子用热水泡涨，等到发了芽的时候，就架起火煮。煮得水要干的时候，把上面的谷芽子一捞，底下便剩下很浓的水浆。一尝呀，很甜，饴糖就这样造了出来。

杜妻把糖造出来后，拿去给杜康看，说："老头子，你看，这算不算搞出来的新玩意儿呢？"杜康用瓢羹舀起来尝了尝，说："甜津津的，真是好吃呢！算个新玩意儿。"

杜妻说："呃，你说的事呢？"

杜康说："啥事？"

"手板心煎豆腐。这么快你就忘记了？"

"哦，那不过是一句戏言！你想，手板心是肉做的，哪个能煎出豆腐来嘛！"

"男子汉说话要算话！"

杜康假装正经地说："算话，谁说不算话了！你要吃手板心煎出来的豆腐，那就请你先在我手板下面把火烧起来嘛！"

杜妻笑了笑说："死老头子，你要识趣点，你不要认为你造出了个酒就了不起，世间能干的人多得很。从今以后，还是谦逊点好！"

杜康觉得老婆子的话说得对，心悦诚服地点了点头。以后，杜康反复钻研他那个酒，使酒的质量越来越好。杜康死后，人们为了纪念他的功劳，凡是烧酒的作坊都把他供起来，尊为酒神。而杜康的老婆呢，制造饴糖的作坊也把她供起来，尊称她为糖神。

第二章
东北糖匠

一、马国俊

风，吹刮着北方原野上厚厚的雪，天气寒冷无比。今天，我给大家讲一个糖匠的故事。

糖，是甜的；可做糖的人的日子，却是苦的。

从前，在辽河以东，有一个叫威远堡的地方；往东，有一条驿道，通往四平、宽城子（长春）；从宽城子再往西北，就是茫茫的大荒甸子了，人称蒙荒，那儿属于蒙古王爷的属地，这是个三岔路口。这一年冬月，天下着茫茫大雪，有一伙从中原逃难闯关东的人来到了这里。他们是三个大人领着一个三岁的孩子，那孩子坐在一个中年人背着的破柳罐篓子里，浑身上下裹着一团破被，还是冻得瑟瑟发抖。他们来到了威远堡，一看就知道是穷得连住店的钱都没有。冬天，一般逃荒的人都找个破庙、大车店先住下，等开春，天暖和了再走。看来，他们是出什么事了。

果然，只见那背着孩子、年纪大一点的人，并顾不上孩子。他手拄着一根破木棍子，不时地冲着这片茫茫的雪野喊着："老三！老三！"

旁边那两个人，也低一声高一声地叫喊："老三！老三！"

可是，茫茫荒原的风雪里，不见有人回应，只有荒凉的原野上，北风卷着大雪"呼呼"的吹刮声。

最后，人们绝望了。

许久，那个背着孩子的人对另外两个人说："二位哥哥，看来咱们的三弟是被大风刮走了，刮没了。唉，这都怪我们，我们没有照顾好他呀，把他弄丢了！"说着，他又"呜呜"哭上了。

那两个汉子就劝，说："兄弟，你也别难过！难过也没用了，闯关东走丢了人，这是常事啊！前几天那伙人，也走丢了两个！"

另一个也劝："弟呀，这也许是三弟的命！如果他命大，兴许还能撵上咱们！日后兴许咱们还能遇上弟弟！"原来，这是一家兄弟四个闯关东，在路上走丢了一个兄弟。

于是，那个被叫兄弟的人从一个破棉袋子里掏出一个小铁锅，放在脚下的一块石头上。他使劲儿一踹，只听"嘭"的一声，那铁锅裂成三半儿。这时，他掰下两块，分别给了两个哥哥。他说："哥哥们呀，你们都没带孩子，利手利脚，我有孩子，别连累你们。拿着，为了活命，咱们只好分开走吧！日后如有见面日，空口无凭也不行，我们以对这锅碴口认亲人！如果咱们日后谁遇上老三，就把手中的锅碴分给他一半，听着了吗？"

两个哥哥一起答道:"听到了! 弟,你带着孩子,多保重啊!"

　　于是,三个人每人保留下一块锅片,大家抱头痛哭,然后含泪分手了。三个人,就这样各奔西东,谋生去了。背孩子的人,就是我们关东糖匠的主人公,马殿富的父亲老马。他背着孩子,走啊,走啊,这一天,快过晌午了,可还不见风雪有停的意思! 只见前面有个岔路口,有一个放牛老头,他就背着孩子走过去了。他就向那个放牛的老头打听,这是什么地方。老头告诉他,这地方叫公主岭。

　　"咋叫公主岭呢?"万事他很好奇。

　　放牛老头告诉他,这公主岭啊,是一个有故事的地方。相传当年郭尔罗斯王爷的女儿,从小就喜欢戴着一串铃铛儿,一走路"叮铃铃"响,人称响铃公主。她和家里的一个牧人长工小伙子深深相爱,可是王爷不答应,还暗中设下毒计,害死了小伙子。可是姑娘心中只有自己的心上人,于是去寻找小伙子遇难的地方,并为之守坟,殉情而死。后来,爹娘无奈,只好将女儿与小伙子葬在了一起,从此,人们便将此地叫作公主陵,时间久了,便成了公主岭。

　　这是一种传说。说蒙古族人从前住在大兴安岭以北的大森林里,后来他们发现了山中矿石出铁,于是就觉得森林和大山之外应该还有可以发现的东西。于是就带着这个想法,他们骑着马一点点寻找,他们就这样走出了森林,来到了草原。大草原宽广无边,让马儿可以自由地驰骋,他们拉起了马头琴,唱起了乌力格尔,尝到了生活的甜蜜,放牛老头说,这叫"冶铁出山"。这老头还挺有文化。

　　突然,老头大叫起来:"哎呀,孩子睡了!"

老马说:"是睡了!"

老头说:"快!叫醒他……"

"可他又困又累,能不睡吗?"

"那也不能睡!"

"为啥?"

"一睡过去,就冻死了!"

啊?这是多么奇特的东北?人在外头一睡着了,就会被冻死?哎呀,真得感谢这放牛的老头!老马心想,要不是他提醒,儿子就会被冻死,不冻死,也会被冻残!于是,老马一边千恩万谢地感谢放牛老头,一边推儿子,让他赶快醒来。

可是,一个小孩,他哪懂这些呀,还是呼呼地睡!

你推醒他,他还睡,你推醒他,他头一抬,眼一睁一闭,继续睡!

两个人都慌了,这可怎么办呢?

突然,放牛老头看了看四周,他抬腿就向西边的一片雪地跑去,他干啥去了呢?

只见这老头,他来到了一片雪地里,突然蹲在地上,用双手向雪地里摸去、抠去……

他摸呀,抠啊,许久,只见那放牛老头从雪地里摸出一个叶子还翠绿,可是已经被北方的寒冷冻得硬邦邦的甜菜疙瘩,只有鸡蛋大小!原来,这是一片庄稼人种的甜菜地,聪明的放牛老头,竟然从大雪冻地里摸出了一个农人秋收时剩下的小甜菜疙瘩!只见放牛老头乐得孩子似的向这边跑来。

　　放牛老头边跑边以他的破袖子擦抹着那甜菜疙瘩上的泥雪，然后还以他的老嘴老牙不断地啃咬着冻得石头一般的甜菜疙瘩，等跑到又困又累、昏昏睡去的孩子的破箩筐前时，他举起那已让他啃得露出洁白菜心的甜菜疙瘩，递到了孩子的小嘴唇儿上。老头喊着："孩子！醒醒！糖来了！小嘎子你醒醒，糖来了！小伙子醒醒，糖来了……"

　　这个故事说到这里，各位读者可能已渐渐地感觉到，我讲的不是关东《糖匠》的事吗，能没有糖吗？这不是你编的吧？你讲的事情也太巧了吧？可是，我可以告诉大家，任何的巧、妙、奇、特，都是来自生活，来自记忆的真实。就在我写《糖匠》之前，我告别了家人，只身来到了老怀德，老公主岭，我找到了糖匠马国俊师傅的老家——怀德永发乡，在他的家乡李家屯、岭南屯，我亲耳听到了糖匠的二姐马秀云（66岁）、她表弟张树国（66岁）、侯杰芳大娘（87岁），包括我找永发乡李家屯走错了路，拉着我从公主岭往回走（往范家屯方向才对）的司机李师傅，他们都告诉我，从前的范家屯一带，除了有天下大马市外，还有中国最大的糖厂——范家屯糖厂，从清末民初，周边的农社、合作社、村落，都种甜菜，所以那时，周边的野地，甜菜地多，也许，恰恰注定一个逃难落脚的人将成为一个乡土的"糖匠"？

　　也许，当年这一切只是一个巧合，也许许多来历只是偶然？这也只能称为也许，没有别的解释更加恰当。

　　若干年后的今天，当马国俊回忆起太爷老马，爷爷马殿富和父亲马会君早年的经历时，他的眼中都会涌出大颗的泪花来。那时，当那个素不相识的放牛老头举着一块雪白的、冻得如冰块一样的甜菜疙瘩，塞在马殿富的嘴唇上那一瞬间，他一下子惊愣了，他醒来了，接着，他主动地用小嘴吮吸着那甜甜的东西问爹："爹！这是啥？"

　　爹说："这是糖……"

　　"哪来的？"

　　"东北，你牛大爷给的！"他把"放牛的大爷"，叫成了"牛"大爷。

　　儿子也欢快地叫道："牛大爷！糖！牛大爷！糖！……"

　　光阴就这样流转了上百年，马国俊每每想起爹给他讲述的这段故事，都既兴奋又辛酸，内中又含着深深的思念。他想起父亲跟他说过，这是爷爷一辈子吃过的最香、最甜的糖，那滋味儿太美妙、太难忘了！

　　那块冰凉洁白的小糖块儿，那块野地里的甜菜疙瘩，深深地留在了他童年的记忆之中，唤醒了他对糖的记忆。糖的记忆，再也走失不了啦。以至于若干年之后，他独爱东北的甜菜疙瘩熬的糖，不爱吃蔗糖。这内中的记忆，已成为他的生活，他的思想，他的精神，他的情怀，他永生难忘的深情的大东北。

　　爷爷童年的那个冬天，就这样使他、使他的家族，与糖结下了不解之缘。其实，那只是凄苦的闯关东逃难童年生活记忆中的一个趣闻，在风雪和冬季严寒的时光里，那一枚洁白晶莹的通体冻成了冰块的甜菜疙瘩，就这样给他幼小的心灵带来了对美好的期待。吃完了一块，他精神了，不困了。但他多想再吃一口，可是没有了。于是父亲背着他，告别了放牛老头，继续往东北逃难闯荡去了。

其实那时，他们已来到了吉林地界，已经从威远堡过了四平，进入公主岭了。这儿是公主岭的老怀德，隶属于今天的范家屯一带。那时，闯关东的人，就是一种心思——往北走，找一个能有地种，能吃饱饭，饿不死的地方。东北地大，人少，有粮吃，饿不死。再往北，经过彭家屯、平顶山、海家房子、四马架、红石、柳杨、田家油坊。这时，儿子病了，时序已经到了春天，东北人家，家家开始种地了。

春季的东北，是农家最忙的季节，也缺人手。那时，太爷已娶妻生子，儿子马殿富在逃荒路上，也有了自己的后代，他的儿子马会君，刚刚几岁。

这一天走到了一个屯子，叫营城子。这时，小会君病了。

马殿富想，别再走了，再走，孩子病严重了。于是，他就在营城子屯敲大门想讨口饭，歇歇脚。敲门的这家姓张，叫张万贯，是营城子屯的大户。开门一看，一个要饭的。闯关东人个个是要饭的，又见他虽然带着个孩子，但也年轻力壮，便让进了院。然后，东家指着房后院一个破仓子，说："你要不嫌呢，你就住下。反正春天了，你帮着种种地，放放马，干点活，等孩子病好利索了，你要走，我也不拦你……"

哎呀，这可是遇上好心人啦！马殿富一听，当时就给人家跪下了，连连说："哎呀张东家，我还咋能嫌哪？我这感激还感激不尽哪，是您老人家收留了我们哪！"张万贯张东家还叫下人拿来两条破被子扔在下屋炕上。就这样，马殿富父子一家就在营城子落了脚，成了营城子张万贯家扛活的了。

第二天一大早，马殿富就来到东家的上屋报到，让东家派活。

东家张万贯问他："除了种地，你有点别的手艺没？"

马殿富说："有。在关里家时，会软、硬木工活。"

啊？会软、硬木活？这可了不得！

这软、硬木匠，虽然都叫木匠，却是两种手艺。在当年，木匠可是大工匠，这硬木活，是指会打大车、房架子；这软木活，是指各种家具；这软、硬都会，那是更硬的手啊。当下，张万贯就乐了。于是指派他说："殿富啊，那正好，现在春天了，马上种地了，你先领几个长工给我收拾一下农具，什么犁杖、点葫芦、镐头的，收拾收拾，咱们好开始种地！"

马殿富说："东家你放心吧，这正是我的拿手活！"

原来，这种农村的木匠活，正是他马殿富在逃荒的路上和聪明的父亲学的，父亲本也在家乡时精通的手艺，这回可一下子派上用场了。而且，马殿富这个人，干啥实在，不会偷工减料、糊弄人，由于他只是一心一意地干活，不讲条件，把东家彻底地征服了，也让东家对他另眼看待了。

接着，事情也就凑巧。在营城子东北方向上，往宽城子大岭13

里地处，有个村子，叫刘半仙村，也有个叫张万贯的，这个张万贯是营城子张万贯的表弟，春天时，农活都忙，而他们村里的木匠赶上跟车上梅河口山城镇拉土豆栽子去了，没在家，他就和营城子表哥说，想请马殿富到他们村帮干干木匠活，营城子张万贯就答应了。

那时，张殿富的儿子小，走到哪儿都得带着孩子。刘半仙村的张万贯也答应了，并在场院更房子里给他们父子俩腾出一铺炕来。于是，张殿富就领着儿子小会君住在刘半仙村的更房子里。在小会君的记忆里，每天，他还在睡梦之中，爹早早就起来了，院子里传来"叮叮当当"的锛、刨、斧、锯干活声，院子里是村里张万贯家的各种待修理的农具，还有一些个人家的木匠活儿，也不断来找马殿富。在农村，木匠是个大手艺，谁家没有炕琴、大柜什么的？可是人家马殿富是刘半仙屯的大户请来的，主要是干农具木匠活儿，你如果让人家干别的木匠活儿，你得单独请人家是不是？人家也得用自个儿休息的业余空闲才能给你动手啊！这本是人之常情啊，也是生活的规矩风俗。

而马殿富呢，他本是个热心肠人，谁家送来的工具活儿，他都说先放下，抽空收拾。

当年，农村人家也都是朴实厚道，谁家能白求你呀？所以，往往在送木器的同时，给木匠随手包一包苞米花，包两个鸡蛋，拿一捧黄瓜干，送一碗大酱，农村也没别的东西！可是，如果家家送东西供一家，那这家的日子还会不错呢。

特别是马殿富，由于他软、硬木工活儿都会，这让他一下子结识了许多大车老板子，这些人走南闯北，见多识广，有时跑外回来，说不定还给小会君带来半根麻花，一个烧饼，一块冰糖，两个糖球什么的呢。

小会君记得，每天他醒了，爹都在他枕头边上早已放上了吃的。他知道，这都是爹卖力气挣来的，他有时趴在窗台上往院子里望，只见爹在寒冷的春天里，已经光着膀子在干活。他心疼爹，常常拿一件布衫，悄悄走出去，给爹披上，或摸起一条手巾，递给爹擦擦汗……

从小，他就记住了爹的苦，他发誓长大了帮爹干活。

一天夜里，爹半夜才回屋，他摸着小会君的头，自言自语："儿子，啥时能长大呢？"

小会君一下子醒来了，他问爹："大了之后，你想让我干啥？"

爹说："天下三百六十行，一招鲜，吃遍天！"

"啥是一招鲜呢？"

"就是绝活儿！就比如爹，这木匠活儿，就是绝活儿的一种！"

从那时起，在小会君的心里，他记下了这一生要选择"绝活儿"。于是他就开始帮爹干活，并在一旁边看边琢磨，而且，还逐渐地会给爹打下手了，人称马二木匠。

马会君记得，那是在刘半仙屯子的时候，发生了一件让他永生难忘的事情。那是一天后半夜，更房子门突然被推开，刘半仙村大户张万贯领着两个人进来，匆匆忙忙走上前，"扑通"一声，就给父亲马殿富跪下了！

马殿富一愣，忙坐起来，对来人说："别、别的！有事起来说！"

那两个人说："你不答应，俺们不起来！"

这时，刘半仙屯的张万贯在一旁说了话了。原来，这二人是大岭镇六里六屯的，是哥儿俩，也是刘半仙屯张万贯的叔伯表弟。昨天夜里，两位表弟的七十岁的老爹夜里出去圈羊，屯邻人家的羊到他家井台喝水，天黑，他为了保护人家的羊，提着灯笼给人家羊照亮，结果他自己反而不慎掉进自家井里淹死了，需要有人给打一口"宝材"，以便马上让老人入土为安。

这打"宝材"，可是有说道的。原来这宝材，民间是指不上颜色的白皮棺材，一般装的都是横死者（如这老头这样，不是正常死亡的人）。当地本来也有棺材铺，但是棺材匠贵贱不愿给谁打"宝材"，如果小孩横死，有小棺材，叫"小火匣子"，可大人没有。而且打这种宝材，人要躺在里边，木匠只打棺木，不上色，称为白茬棺材送老者！因此谁也不愿意上手。

"打料子（棺材）？俺不会呀！"

"可你、你不是木匠吗？"

"木匠，也不一定会做料子（棺材）呀！"

"你会！你一定会……"

"可俺真不会！"

"可谁让你是木匠来着啊！你无论如何得帮帮忙啊！"

哥儿两个说着，又悲恸欲绝地哭开了，而且还在地上"咣咣咣"地给马殿富磕起长头来，连头皮都磕出血来了，就连刘半仙屯的张万贯，也突然给马殿富跪下了。他说："求马殿富马大把，你就给他们帮帮忙吧，伸伸手吧！他们是一对孝子啊！他们世代不会忘记你的恩德呀！不会啊！我也求你了！"这确实是恩德！一般人不接这活儿！看来这刘半仙屯的张万贯与这哥儿俩的交情也不会浅，不然这张万贯也不会这么下力气帮着求啊。

再说马殿富，他本也是个善良、心软的人，一看他们哭，一看别人有为难遭灾，他的心就软了。他想，人生在世，谁没个为难遭灾的时候？再说，人吃五谷杂粮，为生活而奔波，就会有旦夕祸福，什么好死、横死？生生死死，难以预料，再加上，他们二人，也真是个孝子！就看在他们对老爹这么孝顺的情分上，应该帮他们一把。

于是马殿富说："起来，起来吧！看在你们二人对你爹孝顺的分上，看在张万贯大柜的分上，我马殿富答应你们还不行吗？不过……"

"不过什么？"

马殿富说："我有一个条件！"

哥儿两个说："马大柜呀，您尽管说呀，别说一个条件，就是十个、百个、千个、万个，只要我们哥儿俩能办到，保准去办！"

马殿富说："好好好！也没什么别的条件，只不过此事非同小可，我打这种棺材，得经我的东家同意才行啊！我虽然答应了你们，可我得去问一下我的东家才行！"

"好好好！就这么办！"

当下，刘半仙屯的张万贯立刻备好两匹快马，他和马殿富即刻骑马直奔营城子，找他的东家请求商量去了。二人来到营城子，找到了东家，把这事一五一十地说了一遍，刘半仙屯的张万贯又加了一句："表哥，人家马殿富大柜，这可是做了一件功德无量的好事呀！"

营城子马殿富的东家一听，连连称赞马殿富做得好，做得对，并表示全力支持他。于是，刘半仙屯张万贯和马殿富大柜，立刻骑马连夜赶回六里六屯老张家，马殿富连夜挑灯夜战，为那可怜的落井老汉打料子。

在当年，马殿富虽然不会打料子，可是他会打各种家具呀，而打这口棺材，他把他过去木匠活的所有手艺都用上了。手艺讲究不说，民俗也不能差，人躺在里边打这种宝材，那得有独特的手艺和心劲儿，一般人根本办不到。往往抡起每一下斧子，都要轻轻举起，又轻轻放下，盖棺要凹对凸，卯对卯，而且，马殿富还精心为这位好心的老爷子刻上了二十四孝。这可是绝活，因马殿富平时心灵手巧，什么图案打眼一看便能记住，这种手艺终于在那一次派上了用场。

本来，老人的这口棺材是白茬棺材，不上色，咋能画二十四孝？可是，马殿富钦佩这老爷子，他是用刻刀，一下一下硬刻上去的二十四孝！清晰生动，而且活灵活现。那天夜里，儿子马会君也来到了爹身边。他看着爹仔细认真地刻着二十四孝，他问爹，为啥这棺木不上颜色，为啥不上色你还要刻二十四孝？为啥……

他问了许多问题。可爹告诉他，这是民俗。民俗是什么？民俗是人们生活的道理。从此，马会君记住了爹的话——民俗是人们生活的道理。

马殿富一下子出名啦！他的好心眼，他的灵巧的手艺，在周边南北二屯，几乎人人皆知啦，从此，各村屯谁家有个大事小情，都愿意请他来出出主意，都觉得有了什么事，只要有马殿富的主意在，这事就能办成、办好。从此，他马殿富成了一个能成事的人。成事，这在民间的生活里，是一个很重要的能力，也是平民百姓纯粹的需求，更是人们看重马殿富的标准。可是在当年，百姓、乡下、村屯、人家生活里最看重、最认真的事，是什么事呢？那就是红白喜事。

红白喜事乃人之常情，吃五谷杂粮，谁家没个生老病死？生儿育女，谁家没有个相亲结婚了，办个宴会、道场？还有过年过节，家家要祭祖，上大谱（挂家谱），一来二去，这就催生了民间的一种职业，叫"执事"。执事，就是能操办乡土中各种生活仪式、节令庆典、道场程序、家族聚会、村屯仪式、亲朋会面等的职业，这是民间百姓的生活内容，但总得有人出面操持啊。这个人，必须得有才有德，会各种手艺，办事心思正，能出谋划策，值得依靠信赖。不知不觉中马殿富恰恰就成了这样的人啦。

当年，开始是在营城子、李家屯、岭南屯、刘半仙屯、火烧里、六里六屯一带，后来在大岭一带的范家屯、彭家屯、平顶山、刘房子、陶家屯、海家房子、四马架、金城子、红石、柳杨、田家油坊，直到永发；往西北，老怀德、黑林子、八屋、小河沿子、响水、泡子沿、朝阳坡、榆树上台子，直到通往老宽城子（长春）的大屯、孟家屯一带，一提起马殿富，那是老少皆知啊！而且，他的能耐，是全棵的，全套的。全棵，东北土语，指人的手艺、本领全，如一棵庄稼，有枝有叶，能结果，能打籽；套，指成套，一套一套的，不缺不少，要啥有啥，要啥来啥，要活人脑现炸！这本是民间挂四个幌子的饭店、馆子的说法，现在，都加在了马殿富身上，简直把他看成民间的神了。但其实，马殿富真成了乡土的神了。

在当年，由于生活所迫，马殿富已练就了浑身的本领、绝活儿。他不但会做棺材，刻花，画棺花，画大柜图案，画炕琴上瓷砖的瓷画，画家谱、老谱，而且烙饼蒸馒头也是花样翻新，往往用面蒸出猫、狗、猪、鸡、鸭、牛、马、羊，哎呀，太像了！飞禽走兽，样样逼真。为什么要做成这样呢？

原来小时候，马会君包括后来他的儿子马国俊、二姐马秀云，他们从小听老人讲，那时没有白面，爷爷捏的面人、动物，都是黑的，是高粱面、橡子面做的，但样子好看，于是孩子们就抢着吃，粗粮成了细粮了！这成了马家孩子们童年深深的记忆。而在爷爷所有手艺中，他的另一个绝活儿，就是捏泥人、画糖人！

平时，他不但用面来做各种人物、动物，而且一到年节，他更是用泥巴给孩子们捏出十二生肖，样样逼真。孩子们天天盼着大人回来给捏泥人、动物。而且，爷爷的最大拿手好戏是在一锅炖（为了省柴火）时的烀。这烀，是北方农家做饭的习惯。往往在一个锅里连贴带烀，烀苞米、土豆、茄子、地瓜、甜菜……特别是地瓜、甜菜疙瘩，一烀时，锅上就会出一层糖嘎嘎（糊贴在铁锅上的糖），那其实是一种糖稀。这时候，家里人都抢着吃甜菜疙瘩和地瓜，可是，只见爷爷马殿富，却在那锅里的糖稀上画开画了！

哎呀，太奇怪了，不一会儿，黑锅锅铁上便出现了一个个活灵活现的动物，却是糖稀的。这可能是马家最早的作品。

在当时，马家的孩子们都不再抢地瓜、甜菜疙瘩吃了，而是去抢爷爷的糖画了。

后来，消息传开，一到马家掀锅吃饭的时候，许多邻居家的孩子、大人，也都围绕在马家的锅台边，专门来欣赏马殿富的独特手艺。一来二去，马殿富便琢磨着把这种糖画变成他在一些场合能拿得出的手艺啦。

糖画，就这样在北方盛产甜菜的地方，流传开了。

在东北，其实叫营城子的地方很多，而公主岭这个地方的营城子，虽然也叫营城子，但其实民间却有另外一个叫法，说它叫"阴城子"。这阴，就是指这个地方有"灵"，有德。这个地方，离范家屯三十里地，从前，那里是一个大马市，而且是东北最大的马市。一到马市开市，不但东北的各村屯农民、马贩子、马经纪人来此交易牲口，就连西北的五台山马市，内蒙古察哈尔、坝上、多伦诺尔一带的马市，人们也来，那真是繁华又传统。这马市上，有一家姓郑的，开着一家客店，既接车马，也接住客，人称郑家店；掌柜的叫郑更信，那年已六十多岁了，人称郑掌柜。有一年秋天，马市开了三天了，马缰绳都拴到郑家店的窗户框子上了，有一个快七十岁的老头来买马，被他接来住在了他的郑家店。这老头是辽宁辽阳人，哥儿五个在一块过日子，听说范家屯马市阔气，马多，哥五个就一人出了十块大洋，凑足了五十块大洋算五个股，由老头揣着，上范家屯马市来买马选马。这老头，是头一回出门，也不知东西南北，人又老实，说话又实在，架不住人忽悠。他一进马市，就被人盯上了。谁？就是那些个开店的。当时，老头走进马市四处一打量，那副找旅店的样子就让人注意上了。这时，许多开店的"呼啦"一下子围了上来，这个说，到我店，我这店每天管你一顿吃喝不算，包在住宿费里，每天还给你端洗脚水；那个说，我一天管你两顿饭中不？走时再搭你一顶狗皮帽子！双方甚至为了争一个客人，差点打起来。这时，郑更信走上来了。开始，他假装在一旁看热闹，却不断地给老头使眼色，终于把老头引到了自己店里。

到了郑家店，他便施展自己的故计，那就是探底。他说道："是不是来买马的？"

老头说："正是。"

"带着多少？"

"五十块大洋。这是我们哥弟五个人，一人十块一股凑的！"老头还解开裤腰带，掏出大洋包子，给郑掌柜的看，又加了一句，"唉！这钱在我肚子上焐的，还忒热乎呢。"

郑更信笑笑，说："这就对了！你不能住别的店！我们这店，不但包住，还管买马！"

老头又惊又喜："还管买马？"

"管！正管。钱放我这，三天保管让你把马牵回去！"

"三天？"

"三天。"

"哎呀！真的吗？"

"如果你三天牵不走，我倒地上打个滚，让你牵着走！"

一句话，把老头说乐了。人家话都说到这个份儿上了，辽阳老头再也不犹豫，二话没说，直接把手里还带着他体温的大洋包子递给了郑掌柜，接着就回屋歇脚睡觉去了。

这三天里，老头轻松地出入郑家店铺，不断和掌柜的打招呼，到集市马市上转转。他东看看，西看看，一晃，三天过去了。他见掌柜的天天和他见面，打招呼，说话，都挺热情，可就是不提马的事。辽阳老客本想问一下马的事，一看人家忙着，就寻思，再等一等吧。又过了四天，见掌柜的还没动静，辽阳老客有点毛了。

这天下晚，辽阳老客实在忍不住了，就在院子里和掌柜的拉上话了。

老头说："掌柜的，马，怎么样啦？"

掌柜的好像一愣，说："挺好的！"

老头说："啥时候牵？"

掌柜的说："随时。"

老头说："那就明天吧！我得等着回去了。"

掌柜的说："那就明天吧。但，你得把钱先给我！"

这回该老头一愣。他说："钱？钱？不是交给你了吗？"

掌柜的说："你空口无凭，说话可不行，你说钱交给我了，谁看见了？再说，字据呢？"

啊？字据？是啊，没要字据呀？当时他也没给什么字据呀！

老头只觉得脑袋"忽"一下子，血就上来了。他也不知道自己是怎么走回屋的，倒头就睡了。后半夜，他一下子醒了。这事他越想越憋屈，觉得没有出路啊，自己回去，可如何向家人交代呀？再说，说是这样轻易地让人给骗了，谁能信啊？于是，他从床底下摸出自己带来的准备牵马的麻绳儿，奔西北就走了。

那时，范家屯的西北方，正是永发的营城子，辽阳老头走到那儿，找了一棵歪脖子树就吊死了。人死了，第二天，当地警察把人卸下来，一埋，也就了事啦。

事情虽然就这么过去了，可是，一件奇怪的事发生了。不知怎么回事，从此，每天天一黑，这开店的郑掌柜起身便走，他直奔西北的永发那棵歪脖子树前，到那就跪下了，然后有人将他绑起来，接着就是皮鞭子抽，打得郑掌柜的爹一声妈一声地"哎呀哎呀"直叫唤。

有一天后半夜，村里有个老头，一大早起来捡粪，离老远就听野地里有人被人打得直叫唤，以为是胡子绑票。是谁呢？他偷偷来到跟前一看，哎呀，这不是马市郑掌柜吗？

老头问："哎呀，你咋蹲在这儿呢？"

郑掌柜说："有人抽我！绑上我！"说着，又"哎呀哎呀"地叫上了！而且，捡粪老头也听到打他的"噼噼啪啪"的响动。可是，老头感到奇怪，旁边并没有别的人哪！于是，捡粪老头就走上去，在他身上一抹撒，说："这也没绳子绑你呀？"果然，什么也没有，郑掌柜自己就站起来，抱着膀子直哆嗦。

捡粪老头说："你是不是做啥亏心事了？"

郑掌柜的说："没有啊！"

老头说："没有？你回去找人好好算算去吧。人生在世，到什么时候都得学好。良心放正了，别干那些坑人、害人的事！你没听古语说的吗？世上的事，人在干，天在看。人，算不过天！老天有眼啊！"说完，人家老头捡粪去了。

再说这郑掌柜，他没办法，回去真的找人去算了。人家对他说，你赶快在那歪脖子树那盖个庙，买五车纸，跪在地上，烧三天三夜……

郑掌柜只好这么办了。从此，他也就好了。可是，阴城子这个地名也就传开了。

人们从此一提起营城子（阴城子），就纷纷讲这个故事，并说，人生在世，千万别想坏事，不能做坏事，谁要总想做坏事，保谁就进阴城子！而且还说得有鼻子有眼，说有一个做买卖的，给人短斤少两，挣了几个钱，赶快往家溜。半夜路过营城子，就见野地里灯火通明，到处是摆摊做买卖的，他走累了，掏出货物也摆地摊卖，挣了不少。他乐坏了，于是掏出酒瓶子喝上了，喝醉就睡着了。等第二天早上鸡一叫，他"忽"地一下子醒来了，再一看，原来自己是睡在一片大野地上！他的货还在，可是兜里的钱全是纸灰！

从此，这营城子可出了名了。在这一带，人们说，人生在世，良心正，不然你别来营城子。人过留名，雁过留声，营城子给你来证明。人不留名，不知道张、王、李、赵；雁不留声，不知道春、夏、秋、冬。人不做好事，在营城子真不行。从此，在营城子这一带，谁也不敢做坏事，大家都争着做好事，当好人……

而且从此，营城子形成了这样一个规矩，一有人家有生老病死、婚丧嫁娶，家家都大操大办，而且特别隆重又讲究。这样一来，便催生了一个行业、一种买卖，什么行业、什么买卖？那就叫"棚铺"业。棚铺，就是专门操办这种生意的地方。

而且当年，这种买卖在营城子越来越火。一开始，只是周边的刘半仙屯、李家屯、金家窝棚屯，渐渐地扩展到老怀德、黑林子、朝阳坡、榆树台子；再到后来，就连西北的黄龙府（农安）、双山、郑家屯，甚至通榆、套保、白城子、王爷庙（乌兰浩特）、塔拉盖；正西的昌图、开原、铁岭、沈阳（盛京）、辽阳；正南的伊通、老山城镇、梅河口、老白山；正东的大屯、宽城子（老长春），甚至吉林（船厂）、蛟河、额穆（敦化）、烟集岗（延吉），人们一有个大事小情，都想上营城子棚铺来请人办事，说这儿的人心眼好使，手艺精湛，在这儿请师傅办事，荫庇子孙，保佑后代。于是，老营城子的棚铺业成了名了。而且，人们一到营城子，都争着要请马家棚铺、李家棚铺（后来又有了侯家棚铺、金家棚铺、刘家棚铺，都是这一带的村屯），而且，来人都点名要找马殿富师傅办场子。

办场子，就是操办各种仪式、道场等。

棚铺，要具备棚和铺。棚，在以前是一种帆布架起来的灰布或黄布的大棚，里面堆着、摆着锅、碗、瓢、盆；铺，就是地方，就是作坊。可是，更重要的是棚铺师傅，特别是他的手艺和人品。不用说了，当年在老怀德，在公主岭，在营城子，人们提起棚铺头号师傅，那就是马殿富了。而这马殿富，也真不负乡土所望！

你看吧，凡是到马家棚铺请到马殿富师傅操办年节祭祖、红白喜事的，那就是与众不同，他不但借你全套的锅、碗、瓢、盆，而且还给你做出一套让你想不到的好手工活，比如供祖的供品，马殿富师傅把馒头做成各种花样，如鲜桃鲜果一般，让人爱不释手，舍不得吃，舍不得动。一般的供品供果，供后家里人就食用了，可是马殿富的手艺，让人看不够，欣赏得不忍下口。他做的小鸡，好像正在昂头打鸣；他做的小面狗，好像正在嗅着你玩儿。

其实这些手艺，早已是样样在心。从前家里穷，马殿富不是总给孩子们用泥捏十二生肖吗？要知道，他还有更精彩的绝活儿呢！什么呢？那就是糖画。

其实，在当年，人们为什么愿意请马师傅去操办各种仪式、道场、活动、年节喜庆，就是因为这些仪式、活动，都往往是人山人海，而且家家都得领孩子来参加。其实民间常说，人这一辈子，过什么？过的是孩子！

过的是孩子，过的就是希望。谁家不想有希望呢？有希望，才有未来。而参加马殿富师傅操办的仪式和活动，孩子们都会有个盼头，——那就是能吃到糖人、看到糖画……

糖画，民间又称画糖，最早产生于明代中期。那时，朝廷中一些有身份的官员喜欢在过年祭祖时制糖画，往往把熬好的糖浆倒入制好的模子里，制成糖狮、糖虎、糖燕，还有一些文武官员的人物形象，俗称"糖丞相"，以便祭祀时用。这些作品，几乎就是中国民间木版年画的人物翻版，形象生动极了。糖丞相的形象，最早来自民间传统风俗的天官赐福，主要是在过大年和正月十五、二月二等民俗节日的灯节，天官代替玉皇大帝来给民间送福，使民间去灾，给百姓祈福。从前，天津杨柳青年画、陕西凤翔年画、河北武强年画之中，都有天官赐福的丞相形象，据说都来自民间糖丞相形象，足见中国民间糖画的历史十分久远。古代的糖画人物，多为文臣武将，文臣多为秀才，武将便是门神，这一文一武，意为民间送福送财，取风调雨顺、五谷丰登之意。后来，该技艺传入民间，逐渐成为糖画独有的手艺。到了清代，糖画更加流行，制作技艺也更加精妙、繁杂，题材也更加广泛，糖画便更加流行起来，制作的对象品种也多了起来，往往以龙、凤、鱼、猴等最为善遍，是为大众所喜闻乐见的吉祥图案。

画糖，早些时候主要是画糖人和糖动物，取之甜蜜之意用于祭祀。过去，中原一带的祭祖祭祀活动非常隆重、虔诚，而以糖制成供奉物的行为，渐渐地成了一种时尚，如此便推动了糖人画艺的发展与传承。加之糖是各家在祭祀时不可或缺的材料，于是使糖来参与人们的生活和精神行为便成了一种常见的手艺活动。

而这，也正是马家师傅的拿手好戏。

你看吧，当年在老怀德营城子，在马殿富操办的各种仪式、集会、道场上，他为了让大人们快乐，让孩子们欢笑，往往把做糖包、糖馒头剩下来的糖，给孩子们做出各种糖人，栩栩如生的小动物让大人孩子乐出了声。

做糖人，画糖画，其实并不容易，这是功夫活，又是手艺活。要掌握糖的特征和多种性能以及糖艺的许多规矩。首先，做糖人、画糖画，得先要熬糖，这是头一手绝活。

熬糖，糖的多少，加水的比例，熬到什么时候，都是凭借经验去断定，拿捏不住糖的稀释程度，再好的绘画技巧也发挥不出来。掌握火候是关键。熬糖的火候要由工匠用眼和鼻子去判定时辰，确定成败。当糖匠把糖放在锅里时，先要观察糖的变化，主要是看糖的气泡。开始，糖加热后，起的是大的气泡，往往如鸡蛋、小柿子、芸豆、苞米粒儿、黄豆、绿豆般，并一点点变小。这时，锅前边不能离了人，要时刻不停地等着。这叫等泡。

等泡，是等待糖泡变小，再变小。

小到什么程度呢？要小到泡如针鼻那么大时，才行。

这时，就开始嗅糖了。嗅，就是闻，嗅糖气儿、糖烟的气味儿。你看吧，等糖熬到气或烟中飘出甜丝丝的，又有点酸乎乎的味儿时，糖匠就立刻开始拿疙瘩了。

拿疙瘩，就是将这时锅里的糖，攒成一块一块、一疙瘩一疙瘩（东北土语）的，因这种熬到起小泡的糖，糖里的水分已蒸发到做糖人的恰到好处的程度了，发出一种特殊的气味儿。这时的糖，既有黏性，又有脆性。这是最难掌握的熬糖绝活。但是，更难的是下一步。当糖达到这种状况的时候，就开始拿疙瘩了。拿疙瘩，要先把起糖刀上抹上油，再把这种小泡糖以起糖刀一下下地归成一块块，大的如拳头，小的如鸡蛋，然后冷却，再以起糖刀起出来，放在一个包里，称为糖疙瘩，等待做糖人、画糖画时用。

等到做糖人时，再把糖疙瘩放在糖锅里重新化开，用多少，就拿多大的疙瘩。化好后，再以糖勺将糖浆舀起，在一个大理石上做糖画。做糖画，全靠腕劲儿。腕子要悬在空中，全靠运气走腕。只见小糖勺游动，滴下的糖浆在大理石的钢锅上自然成物，精彩绝伦，要啥有啥，想啥来啥，自然、社会，所有万物，梦想成真。但艺人在做糖画时，一定要做到眼明手快，眼到手到，手跟眼走，不得迟缓，必须是一气呵成。

而且，画糖画有很多讲究，若是侧面的形象，便以丝条来造型；若是正面的形象，则用糖料将其头部堆成浮雕状，使之更为清晰和逼真。由于糖的流动性强，即使是相同的形象，也不会出现雷同的造型。有人曾经总结出画糖画的口诀和歌谣：

以勺当笔，以糖当墨

凝神静气，运勺走勺

用料、提、顿、放得好

稍有疏忽全报销

忽快忽慢自己找

飞丝走线料如神

忽高忽低记在心

粗中有细记得真

一放一收全靠眼

圆转流畅好自信

一抖一顿看花眼

内中绝巧全凭人

糖画画好后，用糖刀把再将凝固的稍大一点的糖浆疙瘩点开、压实，然后，再放上一根小木棍（后来是小竹棍），再在木棍上压一下。于是，人们拿起小棍儿，糖画就成了……

马殿富以他精湛的手艺和人品，名望一下子传遍了四面八方。

马家糖艺出众，马家的人品更是百里挑一。其实，人品与才艺是统一的。当年，马家有个邻居姓姚，老人家那年七十多岁了。他有两个儿子，大儿子叫姚财，二儿子叫姚旺，老头的老伴死得早，是姚大爷屎一把尿一把地将两个儿子拉扯大，又给他们娶了媳妇成了家。到他老的时候，两个儿子都不想养活老人，但又因为是自己的爹呀，不养活说不过去。于是哥儿俩就分工，每人轮流，一人养老人家一个月。平时，老人一个人住在老大家的一个破仓房子里。由于老人穿得破，穿得旧，两个儿子都嫌爹又老又埋汰，不让爹走门，于是就在两院子的墙上架了一个梯子，爹来回到两个儿子家，都是走墙。

这一年的年三十晚上，马糖匠一家人正准备吃年夜饭，忽然听到外面传来一阵哭声，还夹杂着争吵声。他走出来一看，原来是姚大爷骑在墙头上哭，两个儿子正在争吵。细听之下，这才明白，原来是两个儿子正在争辩爹今晚上应该在谁家吃饭的事。

本来，按轮班派饭，爹应该在老大家吃，可是老大和媳妇觉得这个月多一天，就想把爹推给老二，于是不顾爹骑在墙上，两人争吵起来。

老大说："为啥我多一天？我成了大进！"

老二说："大小进，这是赶的！你有能耐，把皇历改了！"

老大说："改不了皇历，我改规矩！"

老二说："你改不了！"

"我就改！"

"改改试试？"

"试试就试试！"

说着，老大真就把他家那面墙上的梯子给撤了！

老二一看，哥哥敢撤，他说："你敢？"

"就敢！"

"好！你敢，我也敢……"

说着，他一气之下，也学老大，把他家的梯子也撤了！

老头一看，双方都把梯子撤了，把他扔在墙头上了，急得又哭又喊："你们两个孽子！赶快把梯子给我搭上……"

可是，老大早已扛着梯子，回屋吃饭去了！

老二也扛走梯子，回屋下饺子去了！

老爹大喊："回来！你们都给我回来！"

可是，这两个丧良心的儿子谁也不理他。

于是，寒风刺骨的墙头上，只剩下了老爹，他一个人呼天喊地，他说："老伴呀！你不在，我受气呀！你等等我！我这就去找你！去找你……"

老头说着，哭着，就在墙上往两边看，想着干脆从哪边跳下去，摔死得了！

这时，糖匠马殿富实在看不下去了。他扛起梯子来到墙下，把姚大爷接了下来，扶着老人来到自己家里，让老人在自己的家里过了一个年。

可是，过了三十，还有初一，过了初一，还有十五，总不能总在人家吃住啊。老人家在马糖匠家过了十五，这一天，已经到了正月二十，老人说什么也要走。糖匠知道，老人回去，还得受气，想个什么办法能让老人不受气，安度晚年呢？

匠人，都是聪明手巧之人，加上马糖匠又会画，他突然有了一个主意。他决定给姚老汉做上一罐子假银元宝，让老汉回去后，每天故意在吃饭前孩子们来玩时摆弄，别让儿子和媳妇们看出来。他让姚大爷再在他家待几天，等过了二十五再走。然后，他把自己的打算一五一十地说了一遍，又嘱咐老汉："这样，他们就会待你好了！你看行不行？"

老汉一听，哈哈笑起来，连连称赞马殿富的主意好。

姚老汉想想，又说："这个主意好！就这样治治我那不孝的孽子！可是……"

"什么……"

"你做得像吗？"

老汉担心又犹豫地说:"我那两个孽子,可诡道着呢,如果被他们看破了,那可怎么办呢?"

马殿富说:"你放心,姚大爷……"

于是,接下来的几天,就见马殿富天天在做实验。他找来几块铁疙瘩,又找一个好心的铁匠帮着化铁,做成了六个铁元宝,然后,他再施展自己的画艺。他用铅粉蘸上亮胶,给元宝着上银铂颜色,等亮胶一干,哎呀,这些元宝沉甸甸的,闪着银光,简直就是真家伙!

于是,马殿富把元宝拿给姚大爷看。姚大爷一看,大吃一惊,忍不住问:"你这是从哪里弄来的呀?"他简直不相信自己的眼睛。

马糖匠说:"这是俺专门为你做的!"于是,两个人又哈哈地乐起来。

就这样,姚大爷带着这些宝贝回家了,并且,依照二人商量的办法行事。

哎呀,这个办法果然灵。

开始几天,老人就在孩子来叫他吃饭时,故意地收拾元宝,让他们等一会儿。一来二去,老大老二都渐渐地听孩子们说,爷爷手里有东西。

"什么东西?"老大问孩子。

"什么物件?"老二问孩子。

"是元宝!闪亮闪亮的一堆元宝!"

这个消息,让老大老二,还有老大老二的媳妇,再也稳不住了。

他们几次偷偷地埋伏在老人住的小仓房的后窗户下，往屋里偷看，哎呀，果不其然，老人手里有干货！

于是，正如姚大爷和马殿富策划的那样，两个儿子开始对老人好起来了！

从那，两个儿子争着往家抢爹，而且，还变着花样做好吃的招待老人，生怕老爹看不起他们。就这样，老人舒舒服服地过了两年好日子。但毕竟老人年岁大了，第三年头上，老人觉得自己有些不行了，于是，他把两个儿子叫到跟前，说："我要不行了，爹这一辈子，也给你们留下了一些遗产……"

"什么？多少哇？"

老汉说："东西都放在你马大爷那里了！我死后，你们把我安葬完了，自己到马大爷那里拿去吧！"

这之后，不几天，老人真就故去了。两个儿子急忙地给老人办理丧事，把爹安葬了。第二天，两个儿子领着媳妇和孩子，急忙来到马糖匠家，马殿富也正在等着他们。看着他们来了，他拿出那个泥罐子，放在炕上说："看看吧，这就是你爹给你们留下来的财产……"两个儿子一看，急忙爬上炕，争抢着小泥罐。

他们把泥罐子争到手，又哗啦啦一声，倒出里面的东西。一看正是元宝，又是一顿抢！

这时，两个人还争抢着看罐子里还有什么东西，只见里头飘出一张纸来，二人又急忙去抢那张纸，以为上面写着藏宝的地点。可是，当二人拿起那张纸一念，顿时傻了眼。只见那张纸上，是爹留给他们的一首打油诗：

也别喜，也别恼，

哪有什么金元宝？

要不是你马大爷，

破墙头上送我老！

不孝子孙，老天难容！

这一下子，可把老姚头的两个儿子羞得恨不得有个地缝钻进去。

那时，马家的手艺和人品，从此更是传开了，人们都夸马家的人品和智慧。

光阴，就这样过去了近百年，那时，马家的各种糖作坊，已在辽河东岸星罗棋布了，那时候人们甚至说，你骑马出去赶集、办事，走个一天一夜，一打听，还没出老马家的糖作坊呢……

这期间，当年闯关东的老马头早已作古了，他为了给儿女们打个样，也没把尸骨运回关里家中原，而是让儿子们把他永远安葬在范家屯以北辽河东岸的后山上。

辽河东岸是什么地界呢？原来在当年，辽河东岸是属于长白山水土水系，地脉土脉，特别是靠近老梨树凤凰城不远处，便是老公主岭、老怀德、黑林子、秦家屯、朝阳坡、杨大城子、范家屯，这一带水好、土好，听说不但可种大田，还可以开垦水田，并种甜菜疙瘩，发展糖业。

种甜菜得有水呀，当家人说，那儿有一个叫南崴子的地方，处处是黑油油的土地，又水草旺盛，水多，泡子多，可以开垦水田，而且还听说有四九三十六个崴子！

"崴子"这个词，在东北，指水泡子、水坑子、水泉子；崴，是汪之义，指有水存在那里。老马一听这话，就下了心眼了，他通过当地一个姓包的长工，那老包的老家就是南崴子一带老地户，让他找到当地的主家，以大价钱买下了南崴子一带的田地，接着，又把老家从辽河西岸搬到了辽河东岸，就在公主岭南崴子大泉眼屯立了屯子。由大田改为水田，这是个人吸引人的事。从前的种地人吃惯了高粱、苞米，谁不想改改口啊？再说，这大米饭也真好吃啊！这是在辽河以西很难想的事。

大泉眼名不虚传，当年泉眼处处。

他建了屯子，买了地，立刻种上了水稻。

种水稻先要育苗。从前在辽河西岸种大田时，如果要种蔬菜，定要提早育秧苗，皆因东北冬天长、夏天短，早春，当户外还白雪皑皑时，老马家屋里的火炕上就要育苗了。比如种茄子、柿子，不早育苗，往往等不到果熟天就下霜了。育苗要用谷草或草甸子上的长草编成一个一个小草窝，也叫小草囤，里面放一把土，放在居住的炕上育苗，还得放炕头上。

在北方，人和动物、植物，睡一个炕。在东北，人和土亲哪，人和苗更亲。老马头常说，晚上俺除了搂着老伴睡，再就是搂着青苗睡呀。炕上的热气，可以驱走屋里的寒气，籽儿在小草窝里便发芽了，这时北方的户外，还是寒风刺骨、白雪飘飘。到了五月间，当夏季的阳光开始照晒大地时，屋里炕头上草窝里的菜苗已吐了叶儿，这时再把小苗移栽到户外的大田地里，于是，时差问题就解决了。

可是，大面积地种植水稻，育苗却成了难题。大田育苗可以用草囤、草窝窝，水田面积大，单一草窝不行啊！当年，他们去搬请育苗师。水稻的育苗师据说是朝鲜族人，那是河西老包家的几个亲戚，他们熟悉烟集岗（延吉）和娘娘庙（安图）一带的朝鲜族人，把他们请到辽河东岸的老怀德南崴子大泉眼一带，指导种稻。

早期的种稻，先"晒水"。

那时还没有大棚，不知道在这里边育苗，而是先把水放在外面充足的阳光下晒，去寒，然后再育苗，也是一板板地放在火炕上。以板排育稻苗，就是那时从老马家开始的，后来，在木板排上架起了苞米高粱架子，就可能是最早的"大棚"。

记得有一年，由于辽河两岸的地亩越来越多越大，家里还开了许多买卖，特别是糖作坊，其中一个有名的糖作坊就叫"芽汇生"，专门在老怀德公主岭镇的大十字街口设立。

这一年的年三十，有一个人到当铺当东西，当时是一个小打在窗口收当。外面那中年人递上来一包东西，小打收了东西，打开一看，是一件半新不新的棉袄。

小打说："这货，俺们不收。"

外面的人也不急，只是劝他说："收了吧。"

小打死活不肯收。

那人说："你打开衣裳，仔细再看看……"

小打又收回衣裳，展开一看，只见袄背上端端正正地写了"良心"两个字。小打一愣，不解其意，但按照规矩，这更不能收，当铺不知道来龙去脉啊，于是就又从窗口推了出来。

外面人还是说："为何不收？"

小打说："不收就是不收。"

于是两人便吵嚷开了。

听到吵声，马殿富走了出来。

原来这天，他正好是读书放假，便到公主岭的芽汇生替父亲看守作坊。他走到窗口问小打："何事争吵？"

小打把事情的经过一五一十地说了一遍，又加了一句："一件破棉袄，写上了'良心'二字，非让咱们收当！休想！"

马殿富走上去，接过那件棉袄看了看，先打量一眼窗外站着的人，只见此人已是中年，穿一件干净的长衫，外表显得很文静。马殿富对小打说："收了吧。"

小打不明白，反问马殿富："这件破物，还收？"

马殿富说："少废话，快收了。"

主人发话了，小打无奈，只好收下，出了当票，交给了那人。

等那人走后，小打不明白地问马殿富："少东家，这件货，你留它干啥？"

马殿富说："你想想，谁不到万不得已时能出卖'良心'哪？必是家有危难遭灾。"

小打一愣，佩服地看着主人，似懂非懂地点了点头。

马殿富又接过那人在"当票"存根上的签字一看，原来，此人叫"董梦知"，是老怀德镇上一个穷秀才之后，至于他为何把这件写了"良心"二字的棉袄当出，马殿富还不知，但他觉着这背后必有事情，于是他对当铺小打说："明后天给你两天假，你去老怀德街上转转，暗中给我打听一下，这董梦知何许人也？家中又发生了什么事？"

小打答道："知道了，少东家。"

这天夜里，父亲老马回来了，马殿富就把白天他收了一件破棉袄的事一五一十地对父亲讲了一遍，又加了一句："爹，我总觉着咱们马家不能光挣钱，还得从长远看，要往长远想，人生长着呢。"

爹说："你说咋个长法，咋个远法？"

马殿富说："地多了，钱多了，要想着用。用出去，发展的是咱们马家，可是整个世道上也得让人看出咱们马家是有用的人家。我觉得，这才是咱们做人的'长久'本分。可是种地，也不能光种大田，得想法子开出别的品种，就像稻子……"

老马想着，说："这才是我的儿！好样的，你和爹想的一样。咱们老马家，从你祖上和先人那辈子起，就是按照顺治帝的旨意来在辽东，一心一意地开垦地亩，咱们把多少草荒、老甸子都变成了良田。可咱们的业，还没创完，还得开垦哪，如今开垦地亩，脚跟站稳了，可到多时咱也不能忘了祖上的德行，一定要闯出一番事业手艺和别人不一样的天下。"

马殿富少年的智慧的目光瞅着爹，他心中一个大志暗暗地立下了。

小打按照主人马殿富的交代，这一天，他在老怀德街上查董梦知的身份，一查查出一番"事业"来。原来，这董梦知是老怀德"粮米行"的一个外柜。

当年，由于辽河两岸土地不断得到开垦，在辽河东岸的民间，粮食的播种、栽种，直到火磨加工，糖坊业社等，在民间已出现了许多这样的帮伙，往往都是靠近市井的农民，他们自己成立了一些组织、团伙、行帮，有研究大田的，有琢磨水稻的，有考虑蔬菜的，有的加工粮油，有的制糖，有的脱碴，有的销售。这董梦知就是在一个"粮米行"当外柜和账房，专门跑这些农作的人家推销粮豆，联系各种农田、农耕事务。

事情也凑巧，他在老怀德以北的崔家庙"火磨"有账，这一日，他去结账，可是却碰上一个收稻谷的老头吊死了，那里围得人山人海在看热闹，老头的儿子、媳妇正哭呢。

一问，才知老人死得真屈呀。

原来，这老孙头，是辽河西岸孙家窝棚人，他们本是八户联合耕种大户人家土地的地户，来年春天也准备开种水田，就各家凑了钱，派他到秦家屯的水稻大户来买稻种，可是在老怀德街上，由于人生地不熟，他住了个黑店，各家凑巴的买稻种的钱五十块大洋完全被骗去了，老孙头一股急火，就在路旁一棵歪脖子树上吊死了。正好，董梦知路过这里，听他家人哭得很是伤心，但他身上也没带更多的钱哪，加上外账还没收来，于是灵机一动，他就把自己的棉袄写了"良心"二字，到马家的当铺给当了。

他把钱给了老孙头的儿子二宝子，让他们赶快把老人发送了，然后回去吧。

二宝子双手捧着银子，感恩不尽。

董梦知却说："别谢我，其实要谢的，应该是人家芽汇生啊……"

也就在这节骨眼上，来查此事的小打正好在场，他撒丫子往回跑，报信去了。

小打回到老屯大泉眼，正赶上老马和儿子马殿富在商量事呢，那时的马家，老马在外经商，家里坐镇的事，就交给了马殿富与家人商量。小打把事情经过一五一十地讲了一遍，又加了一句："那个姓董的是个秀才，开了个'辽河糖米行'。"

记得儿子马殿富一愣，说："是研究粮米糖业吗?"

小打说："正是。在当地可出名了。"

爹看看儿子对此事很感兴趣，就随口问道："依你之见……"

"爹!"马殿富说，"咱们也得扩大一些业务，咱家的农田、地亩、街基，在辽河两岸也多了，这种地之事，也该好好地思谋思谋，特别是这水田、糖业、稻子之事。种什么，怎么加工、出售，也得研究一下。干脆，咱们也把咱们老号改个名吧! 另外，也得多开几处糖业字号买卖。"

老爹一愣，心中暗暗发笑：这小子真是个干事业的人。但表面上还是无动于衷，只是顺口说道："你想改什么?"

马殿富说："俺看，只改一个字。"

爹问："哪一个字？"

马殿富说："'生'字。"

爹问："'生'字怎么啦？"

马殿富说："这'生'字嘛，看上去太白，我看……"

老爹："说下去。"

马殿富说："干脆，改为'升'。"

爹："升？这怎么讲？"

马殿富说："这芽汇'升'吗，可就不一样啦。芽，乃丰取万物，丰盛博大；汇，乃汇取而达，聚而有信，有德，有礼，有为；这升嘛，正是取芽、汇之精，使之长久，使之广博，使之盖达久远，传之地久，表达恒长，无所不济。"

"好！讲得好。"老爹再也控制不住自己称赞的心绪，他当即给儿子以肯定，并下令，马家的老字号"芽汇生"，今后改为"芽汇升"，但得找个"日子"，好好算算，举行改号仪式，庆贺一下。

这一年，马殿富已经真正长大成人了，老爹说庆祝家里的"芽汇生"更名"芽汇升"之事，儿子马殿富说："别忙，爹，我先干一番事业，等找个机会，咱们再开改名庆贺会。我得先干点啥呀。"

老爹说："你想干啥？"

马殿富说："爹，我对那个'辽河糖米行'挺感兴趣，想去走动走动。"

于是，老爹便答应儿子说："这是个正事，你快去走动。"

于是第二天，少东家马殿富叫上铺子里的那个小打，二人化装成乡间收猫、狗皮的，各挑了一副挑子，戴上一顶破毡帽，扎了一条破围裙，就直奔了范家屯街筒子里。

当年，范家屯已是一个挺繁华、热闹的地界了，南到伊通，东达宽城子（今长春），西到四平，北去郑家屯，所以不但交通发达，而且南来北往的自然就形成了一个集市，各种人物在此活动。在靠近大十字街口有一家火磨，字号叫"吉发顺"，专门加工粮米去壳，榨油，再出卖粮油、豆饼，是一个不算太大的作坊，院里有三个磨坊，那里门都开着，扛着粮袋子的人在出出进进。

小打小声提醒少东家说："少东家，就是这家，就是这个院！"

马殿富说："走，进去看看！"

于是，二人一前一后便进去了。

由于他们是随着人流往里头走，把门的也没注意，这时，有人发现了，但马殿富故意地吆喝一声："收猫皮——！狗皮——！"

那人一听，也就不理会这二人了。

原来在当年，这辽河以东一带，农耕经济已迅速发展起来了，由于种地需要牲口，所以皮业也起来了，牛皮、马皮、狗皮、驴皮的熟制生意也跟着发展，其实"皮匠"行业是农耕经济的一种。

二人混进了"磨坊"大院，就见有个大门，一些人陆陆续续地都往里走。马殿富一使眼色，说："走，跟上他们！"

马殿富领上小打，挤在这些人之中，就进了后院。

进去之后，这才发现，这儿有一间大房子，屋里早已挤满了人，还有一些挤不进去的，干脆就站在门口或扒着窗户往里头看。这些人都干什么呢？里面好像是在开一个什么会。于是，马殿富和小打放下了收皮子的挑子，也挤进窗前的那一伙人里。

只见屋里有一铺大炕，炕上坐着三四个白胡子老头。那几个老头，都是已剃成了光头，个个叼着大烟袋，不停地吞云吐雾；炕沿边上有两个大姑娘，不断地给老人装烟，点火。东北人抽烟，要有人装，有人点，这表示对人家尊重。炕上摆着两个烟笸箩，里面盛着满满的烟叶，都是上等关东烟。除了点烟外，两个姑娘不停地给炕上的老人倒水，一大碗一大碗的。

那几个老头好像在讲什么，讲一会儿，端起姑娘媳妇们递上的大碗茶，"咕咚咕咚"地喝上一碗，咽上一口。

这时，马殿富才发现，原来这里还有人在张罗，在主持，那是一个中年人，只见他戴着一顶浅灰色毡帽头，穿一件黑色长衫，一根抽了一半的烟卷插在帽头的右边上。这人怎么这么面熟呢？

突然，小打提醒他说："东家，他就是那个人！"

马殿富问："谁？"

小打说："董梦知！"

马殿富说："啊？就是那个'卖良心'的人？"

小打说："对对。"

马殿富说："快，咱们好好听听他领这些人都在说些啥。"

于是，马殿富带领小打，也不顾门口和屋里人多拥挤，他们从门口连窜带拐就愣愣地挤了进去，一下子来到了屋地当中的人群里，跟大伙一样，坐了下来。

屋里的人，都坐在屋地上。董梦知就坐在炕头靠灯台子处，他是便于主持。这时，只听董梦知说："二伯，你说说这头一年荒该咋下种？"他又介绍说，这老伯，是黑林子的孙二大爷，今年已八十六啦，种了一辈子地，他对新开的荒，有专门的伺候法。

这时，炕里边第二位那个黑林子的被称为二伯的孙二大爷在炕沿上磕了磕烟袋锅，吐一口唾沫，然后喝一口大碗茶，用祆袖头子抹了一下嘴巴，说道："种甜菜这玩意儿，要看天。东北有句俗话：头伏凉，伏伏凉。今年种什么，打什么，收什么，其实要从头一年看。"

炕上两个老头接茬："关要在这儿呢！"

地上的人也摇头晃着膀子地跟着说："啊，种甜菜的关键要在这儿找呢呀！"

黑林子老头接着说："如果头一年头伏很凉，第二年就不宜种大豆，种高粱更不行。这头年头伏凉，说明这地气深，已杀进了水土里。咱们这疙瘩种地全靠水土的地温，不看准这个，不中！"

炕上那两个老头又接茬："那是那是，说啥呢！"

地上的人里有人问："这么邪乎？"

黑林子老头说："有些人，地气不光邪乎，还尿性！种地不讲究地气，种地那是白种地。在咱们东北，就得看准地气，但可也是，谁在头一年就想到第二年，可你不留心，一马虎，地可不认你！"

大伙齐声赞扬："那是那是，说啥呢！"

这时，董梦知又对另一个炕上的老头说："金二大爷，您老也说说，咱们这地，该咋去种……"他于是又对大家介绍说，"这位是朝阳坡的金德顺大爷，他种了一辈子苞米，人称'苞米金'，让他说说！"

这老怀德朝阳坡的金大爷也与黑林子老头一模一样，也是把烟袋从嘴里拔出来，吐了一口唾沫，又喝上一口茶水，然后用袖头抹了一把嘴角，说道："说起种大田哪，有一年六月十三，我爹半夜起来去给牲口添料，只见外面一片云，起雾了！他与往常一样，摸到牲口圈，找到料杈子就拌，突然，料槽子里飞起一群虫子！"

大伙齐问："什么虫子？"

"全是螟蛉子——！"

大伙又一愣："不是蚂蚱子吗？"

老金头说："还有贴树皮。"

大伙又一愣："谁干的？"

朝阳坡老金头说道："雾。"

大伙又一愣："啊？雾能虫子？"

朝阳坡老金头又抹了一把下巴，说："你还别说，当时俺爹也愣了！他扔下料杈子就往地里跑，到那一看，我的妈呀，苞米上的虫子都死了，一层一层的，这是咋回事，家里也没打药哇？"

地上的人问："咋回事？咋回事？"

炕上俩老头接茬说："这叫信神有神在，不信土垃块！"

大伙又奇怪地问："到底是哪方神仙打的药？"

朝阳坡老金头回："不告诉你了吗？是雾。但这可不是一般的雾。原来呀，就在河西，辽河以西的李家窝棚一带，那一年，偏巧有人种了十亩地的芝麻。七月的芝麻刚一展地表，那芝麻叶味儿冲，味儿和头伏雾，正好酿成一服中药，叫'放潮子'，头半夜的雾，伴上芝麻叶味儿，这就成了这种'放潮子'！哎呀，那一年，俺家的老玉米可成全人啦，到秋头子，长的一穗穗又粗又黄。所以种地的人，夜里要精灵点。"

地上的人纷纷议论："种地人要不精灵，纯粹等于瞎折腾！"

董梦知说道："二老说醭好啊，咱们再听听来自杨大城子的吴德贵大爷的，看看他有哪些高见……"

另一位老者，想来就是杨大城子的老吴头啦，只见他，与前两个老头一样，也是猛吸一口烟，再吐一口唾沫，把烟袋锅在炕沿上猛磕了几下，又喝上一口碗茶，用左手手背一抹胡须，说道："庄稼起虫，重在'搓叶'，就是选出出虫的叶子，搓一搓。"

另两个老头说："吴大哥有招儿，让他说说。"

地上的人们都顺水推舟地说："说说！快说说！"

于是老吴头说，有一年，他家的豆地里起了虫子。夜里他爹放夜马，发现豆地里闪闪发亮，是什么？原来是虫子翅膀上的甲壳被月光一照，竟然闪闪发亮！老爹把全家人都召集在一起，大伙来在地里，人人唉声叹气。这时，老爹揪起一片起虫的豆叶，他伤心地、不知不觉地搓开了。

大伙问："搓开了？"

老吴头说："搓开了。先揉成一团，再用手一捏，一团叶，就剩一点。过了一会儿，他展开再一看，有的虫子被捏死了，可是那些没死的虫子，都往外爬，不肯留在叶上……"

"啊！它们不肯留在叶上？"

老吴头说："是啊是啊！"

大伙纷纷问："这又是为啥呢？"

老吴头说："其实事情很简单，那虫子没有好地方待了，只好爬出去，另选地段——！"

大伙纷纷说："啊，原来是这样！可大片豆地，人要一片片地搓叶，这也搓不起呀？"

老吴头说："后来，俺爹想了一个招，他在铲二遍地时，边铲边把大豆秧根的地叶，本来就已蔫巴了的叶子，争取保留在根秆上，让它护住大豆秧棵底秆，这样，虫子以为那棵秆已经老了，无食可吃，于是溜走了！"

大伙纷纷叫好，也有人又不断地问一些秋收、夏铲、冬打场的事，三个老头都一一解答。董梦知说："各位爷们儿，咱们今儿个的'粮行议事'就到这，下个集口，大家赶公主岭老集，再在这儿聚会，可想好了，都有哪些农事要问，这三位老爷子可不好请啊！现在散议吧。"听到"散议"二字，地上的人都纷纷站起来。

炕上的三个老头也往炕前挪，要穿鞋下地走。

董梦知说："三位大伯先别忙，今儿个我招待你们。吃完饭，我再派驴车分头送你们回去！"

黑林子老孙头，朝阳坡老金头和杨大城子老吴头都说，不用了，俺们都是跟本屯子车赶集来到公主岭，你这"粮行管头"事多呀，俺不耽误你了，改天再见吧。这些老头说着，也是纷纷下炕，穿鞋往外走。

谁知就在这时，马殿富一抬头，正好与董梦知打了个照面，马殿富急忙扭头要往外走，却被董梦知喊住了。

董梦知说："那位兄弟，您是不是芽汇升的少东家？"

马殿富一看走不了啦，就站下了。

马殿富说："在下芽汇升的马殿富。"

董梦知连连叫道："哎呀！是少东家来啦，你怎么不说一声？让你和一般农户在地上坐了这么半天！"他又喊小打，"快！快快！把我才刚刚泡的那龙茶倒了，重新再给我沏一壶龙茶，是芽汇升的少东家马当家的来了，这是俺的恩人哪！"

董梦知热忱极了。

马殿富说："大叔，不必客气。"

董梦知说："不，叫大哥——！"

在那时，董梦知已快六十的人啦，而马殿富还不到二十呀！可是，董梦知却说："不行，咱俩虽有年龄所差，但从今你我各论各叫，就叫大哥，不要再过谦！"

马殿富："这……"

董梦知说："就这么定了。我如能管大名鼎鼎的芽汇升掌柜叫兄弟，这已是您对我董梦知的高看了呀！"

见推辞不过，于是马殿富不好意思地说："恭敬不如从命，那我就拜一位大哥吧！"说着，马殿富上前施礼。

董梦知急忙还礼，又命糖米行的小打在后院的一间厢房的炕上放上一张炕桌子，沏上茶水，二人这才滔滔不绝地叙谈开了。

谈到那日他以"良心"二字破棉袄抵当，到马殿富大义收当的事，马殿富只是一笑，又说起自己暗中查访董梦知，知道他原来是怜贫难苦，救助于民，更让马家钦佩。二人越唠越投机，不知不觉就唠到了今天这个"议集"上来了。董梦知告诉马殿富，别看他开的是一个粮米行，可是辽河东岸周边村屯的农户一到范家屯赶集、上街，就都愿意到他的作坊里来坐坐，开始时只是有活接活，完事就走，后来发展到赶上饭时，就吃完了再走；再后来，一些老客甚至养成了习惯，每次到范家屯，如果不到董梦知的作坊坐上一会儿，抽上一袋烟，喝上一碗老茶水，仿佛就跟没进范家屯一样。一来二去，这种现象提醒了董梦知，何不把这种"集会"固定化？因范家屯是二、四、六的老集，干脆他定了一个坐集日"议事"，就是每逢"六"的集日，各村赶集人就到他的"糖米行"集会一次，如此下来，一个月的大集可以有三次"糖米行"集会，这已成为"议糖日"。

这种"议糖日"，已在范家屯盛行十多年了。其实就是老农议农事，谈民间种地、种粮、种菜、牲口、家禽、粮价、生老病死等各种生活之事，而每议必有重点，不是重点事项就是重点人物，如这一次，便是由黑林子老孙头孙大耳朵，朝阳坡老金头金大胡子和杨大城子老吴头吴大辫来主谈，也让芽汇升的马殿富赶上个正着。

马殿富一听董梦知的介绍，当场就乐了，他说道："董哥，我有个想法，不知当讲不当讲?"

董梦知说："兄弟，你必须讲，快讲。因今儿个这议事，正让你撞上了，我倒想听听你的。你看这种议事，有用吗?"

马殿富说："董哥呀，这种议事之举太有用了。咱当今辽河两岸，农户越来越多，种地也是一门手艺，这手艺也得讲究，我看这种议事，正是千古没有的'糖事会'呀，兄弟，能否这样，咱们就成立个'糖事会'，今后专门在集口日，召集南来北往的农户，把种地的事，粮豆的事，买地，收荒，开荒，租荒，征税，各种农事咱们都经常地议一议，这不是挺好吗? 今后，这召集由你，这吃喝之事由我，你看如何?"

董梦知说："兄弟，你说得好，咱就干。不过，我也有个建议。"

马殿富说："董哥别客气，快说!"

董梦知说："兄弟，我不客气说，你也别客气，我办这种'糖事会'，还是名小，人气不旺，能否请求兄弟你，你把它引起来，会柜就设在你们'芽汇升'，这样，南来北往的人都知你的大名大号，这'糖事会'不是越办越大越气派吗?"

"那，"马殿富说，"董哥，我心想把议事放你这儿，如果放在我那儿，此事重大，待我回去与父亲商量一下告知。"其实在马殿富的心中，一幅开发辽河以东大农耕文化的蓝图已经展开了。

范家屯归怀德管，从前名曰公主岭。

　　原来，这一带由于连年的战火，已无有人烟，那时，老公主岭一带十分荒凉，放眼一望，天空阴阴冽冽，草木森森，过去是连个名字也没有的一个地方啊。

　　所谓的公主岭，正处于辽河西岸，其实这儿的最高峰就是辽代驿站老站以北十里的孤山九峰的中峰，左右峰都呈梯状，皆如朝拜中峰，山上峰峰谷谷，花明柳暗，非言可喻，为松嫩平原上的科尔沁地势之冠，从这儿远望，从辽河以东直至更远处的草原，都是清一色的草甸子，人称老荒。

　　经过从清顺治年间到清中期道光咸丰年间的开垦，这一带大批老荒都已开起来了，那时特别如马家这样的大户，已成了辽河西岸、东岸的地亩地主了。从 1840 年鸦片战争到甲午战争，东北许多口岸，都被俄人、日人、英人、法人、意大利人、葡萄牙人打开，于是牛庄、葫芦岛、兴城和辽东一带的一些口岸，相继被外国人打开，外国人首先盯上的就是东北大地上的农产品——粮豆。

　　当年，怀德县第一任知县张云祥上任。这张知县本是四川华阳之人士，从小聪慧好学，中年考中进士，被朝廷委任漠北辽东怀德县知县。怀德怀德，人乃为怀之有德，他上任后的第一件事，就是想举办一次"集贤会"。

　　其实举办这种集贤会本也不是什么新鲜事，古代每一位当了父母官的人，都要在上任之初召集各地名人贤士集会议事，当官的要款待他们，以表心中有黎民百姓，称为"集贤会"，这怀德知县张云祥也不例外。不过，他是个聪明人，他不想办什么事都千篇一律，他也想来个创新立个标杆，于是便把"集贤会"改成了"祭贤会"。

祭贤，也是集贤，又纪念先人、贤人，也集合、召集各路贤人、能人，他是想干一件大事。

老怀德"祭贤会"，定在了农历的九月初九。

这一是，九月之东北，天似凉非凉，雨季已过，人出行方便；二是这金秋九月，瓜果梨桃都下来了，新粮也丰收了，正好庆贺一番，新米也下来了，可叫尝米节，就是尝新米的味道。参加人员也要经过精心挑选，不外乎什么乡官遗老，淑贤烈女，忠孝之士。可是怎么个开法呢？

当即有人献策："知县大人，此会按一般的开法，无非是杀猪宰羊，摆上瓜果梨桃，让有功的贤德之人坐在上座，知县大人您一一敬酒而已，那样开，太过于一般。不如展出一些本土特产，让众人品尝，进而表彰地方功臣与贤德，这样更有了乡土民俗气息。"

知县张云祥一听，连连说道："此主意甚好，但不知本县有哪一样特产最为有名呢？"

这一问，倒把大伙问住了。

也是巧，正在这时，伙房厨子丁二，端一碗米饭进来，说："饭都快凉了！大人快进餐吧。"

说着话，一股浓浓的饭香飘来。

张云祥知县一愣，问道："什么这么香？"

丁二说："回老爷，米饭哪。"

知县大人问："什么饭？"

丁二说："大米饭。"

知县大人问："哪儿的稻?"

丁二说："大泉眼的稻。"

知县大人问："什么米?"

丁二答道："崴子香。"

知县大人自言自语地说："崴——子——香——! 啊! 这名好啊! 这米好啊! 这, 不就是特产吗?"

"什么这么甜哪?"

"范家屯的糖啊!"

丁二说："老爷, 这当然是特产了。如今, 在咱这公主岭和辽河西岸一带, 谁家有大事、喜事, 一提起'办事', 才能到大泉眼去弄'崴子香', 到范家屯去弄糖, 平时你想买还买不到呢! 不过……"

知县见丁二欲言又止, 便好奇地问道："不过什么? 丁二, 有话禀完!"

丁二不好意思地说道："不过, 这得看谁做才行。"

知县一愣, 又问："什么? 做饭做糖还在人?"

丁二说："不瞒您说大人, 这大米虽好, 但饭得看何人去做。如果做不好, 不香, 不甜, 还粘舌头, 那可就不香了。不过我可有招法, 要将米轻淘一遍, 然后下锅, 以慢火先煮个半开, 然后再……"

知县张云祥说："别啰唆了, 先下去。"

然后, 知县立即对大伙说："诸位看这样行吗? 咱们的'祭贤会'那天, 就以焖咱们老怀德的大米饭和范家屯的糖茶招待各方来客，咱们要让怀德和辽河两岸的父老乡亲们尝一尝咱们这块水土的吃喝，这不是最好的特产吗？"

众幕僚一听，个个赞同不已。

大伙说："还是咱们知县大人心灵眼快，这以咱们这疙瘩的大米饭和糖茶来款待乡邻，再杀上几口猪，猪肉炖粉条子，大米饭管够造，这个'祭贤会'该开得多么地道哇！"

几个人也附和着说："地道，地道！这太地道了，就这么办吧。"

张知县又问清了进购大米和糖茶的地方，就是范家屯的马家，于是立刻派下属参议张道本，也是知县的内弟，前去马殿富家订购大米和糖茶。

说起来，马殿富家的糖果制品、糖茶制作，有奇特的手艺和门道，做时有专人，泡糖茶也要有专人，特别是要喝出味来，必须得用他们家特制的土碗，那土碗，要使范家屯马家土窑烧出的碗，不然就没糖味！

至于为什么，直到今天，人们也没弄清原因。

那次，张知县举行祭贤会，一下子把马家的糖艺传遍了四面八方，也同时把马家的装"糖茶"的碗名传开了。

当年，泡马家糖作坊的糖茶，据说必须使用前郭尔罗斯蒙古王爷的红茶砖，后来，在范家屯糖作坊旁边，一连开起好几家蒙古人的红茶店。

话从两头说，事从两头讲。

这崴子香大米和范家屯糖茶正是马殿富老马家试验而成的一个

老品牌。

读者也许还记得，当年，马家的少东家马殿富在自家的当铺前收了一份写有"良心"二字的破棉袄，接下来他奇迹般地结识了这位出当的有义之人董梦知，他无意中参加了董梦知"粮糖行议事会"，后来又将"粮糖行议事会"改成了"糖事会"，并合在了他的名下，又结识了一大帮辽河东岸的老农，什么黑林子老孙头孙大耳朵，朝阳坡的老金头金大胡子，杨大城子的老吴头吴大瓣。这些人，原来都是东北平原的最有能耐的种地打粮高手，有一肚子种田经，马殿富又经董哥董梦知指点，就真的接手董哥的"糖事会"，把这些人都拢在了他的门下。从那以后，凡是有集口，马殿富就在范家屯街头的大十字街口设"糖茶棚"，那些老农一个个来此歇脚，睡觉，吃饭，议事，把许多好的种田、种地、种甜菜熬糖的经验、故事都说了出来。

可是，最好的一片地，种水稻和种甜菜还是数南崴子。

人们知道，这"崴子"，就是水泡子。南崴子一带，有许多泡子崴子，大大小小地分布在辽河东岸。这种水，马殿富一看就看出了优点。他知道，东北虽然气候寒冷，早春还有倒春寒，可是这种泡子里的水在早春已被太阳晒得热乎乎的了，而且东北还有一句俗语：早春之寒，冻人不冻水了。这种泡子，崴子里的水，正适合种水稻。于是，经过近二十年的试种，他家一种独特的水稻成功了，人称"崴子香"，和范家屯产糖联合在了一起。

崴子香好是好，但产量低，当年一亩地才打二三百斤，所以根本供不应求。

只能是家中的老人或地面上的头头脑脑，需要了，要赶快到"糖茶大院"订粮订糖。那时，马家已成了著名的"米糖商"了。

订粮订糖，又称为"翻牌"。范家屯马家大院的柜房门口墙上，钉了一排钉子，上面挂着一个个牌子。什么红高粱米，白高粱米，大黄米，小黄米，江米，红糖，白糖，砂糖，冰糖，稗子米，崴子香，芝麻，大豆，绿豆，芸豆，花豆，黑豆，还有各种面粉，都是马家在辽河东岸范家屯马家大院的品牌。来人要买什么粮，订什么豆，买什么糖，只要把门口的牌翻过去，然后牌后面写个斤数，立刻有马家管囤子的"垛头"把粮食给你按品种、按斤数选好，然后送到府上。往往崴子香那栏，牌总是翻过去的，因为你订多少都没货，应不上，供不上。可是这个牌又不能不设呀。

为了解决这个事，还是在几年前，马殿富把金大胡子、吴大辫、孙大耳朵和董梦知都编入了自己的"糖米帮"，他的"糖米帮"人强马壮，这些人天天在琢磨稻子、大米，连做梦说胡话都只是大米白糖。如今这几位"糖事会"成员，还在马殿富的带领下，专门在琢磨这范家屯的糖米产量之事。

但是，种地制糖之事，看起来挺平常，不过一到"较真儿"，还真有些说不清的地方。

这水稻之所以不能马上提高产量，最明显的弱点就是气候和季节，东北天热得晚，秋冬又下霜早，往往稻粒刚刚饱满，就下霜下雪了，在大地里解决这个难题，真是如上天山一样难啊；而这制糖也要有一批懂技术的人，什么熬糖，抻糖，摔糖，等等。

那么唯一的办法是金大胡子的那句话："活人不能让尿憋死！咱们怕尿炕还不睡觉了吗？把插秧的时候提前，培训做糖工……"

可是，户外寒冷无比，水还冻着，插什么秧？还是一个难题。

如今，老马家在想法子让秧苗在早春就起来，马家在大院里盖起了一连串的"火棚"，而熬糖，也需要屋子热，就是民间的育苗熬糖棚。

马家大院的"火棚"，一律是土屋。

那往往是以高粱秆子和玉米秆棵搭成一栋一栋的房子，中间是一个一个糊在外的土窗户，让冬日的阳光也能透进来，老窗户纸是从农安府老张家纸坊订来的一种专门糊大棚窗户用的纸，那纸一打上桐油，风一吹，邦邦硬，太阳一照，通亮，嗬！阳光可以直接照进棚子。他们的招想绝了。然后里边烧地锅子。地锅子就是火炕。

这天，刚过晌午，三匹快马，来在了马家大院。

当年，处于范家屯的马家大院糖作坊，那是以青砖加土坯垒砌的又高又厚的院子，院套的四周砌有高高的炮台，上面有炮楼子，里面全都是护院的炮手。这样的人家，从前在东北叫"响户"。

响户，就是大户，又称"响窑"。

"响窑"，本是东北土匪常用之行话，响窑，就是有枪、有炮的人家。攻打和进入这样的人家，土匪叫"砸响窑"。因为一攻人家，人家也打你，所以称"响"了。马家大院在当年当地，就是这样响当当的响窑。

看看来在马家大院门口的三匹快马，三个骑马的人从马上跳下来，其中一人向守护的门兵递上"文书"，是怀德县衙知事张云祥亲自写的手信。

门兵问："请问先生在哪供事？"

对方答："在县衙署。"

门兵问："有何贵干？"

对方答："这里有县衙张云祥大人的亲笔信，我们要见你家东家马掌柜的。"

门兵一听是县衙来的，立刻客客气气地说："啊，先生你稍候，我进去禀报。"

对方说："好。"

于是，门兵不敢怠慢，连忙进去了。

当年，这马家大院的掌门人正是马殿富。这时，门兵来报："东家，有人求见。"

马殿富说："何人求见？"

门兵说："报是老怀德县衙的，说还带来了知县张云祥大人的信！"

马殿富连忙说："哎呀，那快请，快让人家进来！"

于是，门兵连忙出去，把三位客人引进来，让家里小打给客人喂马、饮水，把客人带进了客厅。

当年，范家屯马家大院的客厅十分气派，当中一张八仙桌子，两边一边一把大木椅，旁边几把小座椅，上方挂着马家当年"下关东"时的字画，墙上的布置更加奇特，原来墙上贴着许多庄稼的标本，什么高粱、苞米、大豆、水稻，都是绿绿的叶子，红红的果实，十分可人。更有趣的是，在墙的前边有一排立柜，里面是一碗碗的粮豆，什么绿豆、红豆、芸豆、黄豆、黄米、江米、大米、小米的样品，还有成品，白糖、面、红糖块、黑糖、冰糖，花花的糖球儿，真是应有尽有。而且细看，那不是碗，原来是木制小斗和一些从俄罗斯购进的大玻璃瓶子，粮食和糖块儿装在里面，真是让人看了心头高兴，这不是一座东北糖茶粮豆博物馆吗？

三人正看得出神，下人就端上来茶水了。

那是一位穿戴干净的小伙，一身青灰衣袄，袖口处翻出白色衬衣，显得干净利落，透出一个大户人家招待客人的气派。小伙说："客人，请用茶。这是东家从范家屯带来的上等的糖茶。"

三人也客气地说："谢了。"

就在这时，只见客厅里门的门帘一挑，一位精干的中年人走了出来。当年，这里很讲究喝糖茶，招待的都是贵客。

只见此人，也就四十多岁的样子，也是穿一件青里长袍，两胳膊袖口翻出洁白的内衫，头戴一顶瓜皮小绒帽，帽顶系一粒暗红色精雕细刻的玛瑙，还戴一副金丝眼镜。整个气质，大方、利索、干练、有序。他一见三位客人，立刻双手抱拳说道："在下马殿富，后院有些事务处理，姗姗来迟，请谅！请谅！"向三位施礼。

这时，三位来者从椅子上站起来，内中一位小年轻的，指着中间一位很老成样子的人介绍道："啊，马掌柜的，这位是张知县的内弟，衙府参议张道本先生。"

马殿富立刻上前重又施礼，道："哎呀，有眼无珠哇！在下拜见张大人！"

这时，县衙参议张道本也向马殿富回礼，并说道："马掌柜不客气，我此次来，是有要事。还是请马掌柜先看看知县大人的亲笔信吧。"说着，他从贴胸口的衣袋里掏出一枚牛皮纸的大信封，递给了马殿富。

马殿富接过张知县的亲笔信，一一阅看。

原来，这正是老怀德要筹办县"祭贤会"一事。内中是请求老怀德名震一方的马家捐出两千斤糖茶，要在全县的"集贤会"那天，款待全县的英贤所用。

马殿富看完知县大人的亲笔信，立刻对客人张道本说："张先生，没问题。请您回报知县大人，这两千斤糖茶我一定出，我看，两千斤不足啊，我还是出三千斤吧！此事，也是县衙看得上我马某。再说，知县是为一方百姓谋福利，表彰的又是全县的英贤、贞烈之人，我理当去做呀！"

对方张道本一听，立刻重又站起，他双手握住马殿富的手说："哎呀，没想到马掌柜的这么爽快！好呀，好呀，那我就代我表哥云祥，还有县衙全体同人，谢你马掌柜的，谢你马家！"

马殿富说："客气！客气！这乃是我马某应该为之的。"

立刻，他又嘱咐家人，"上酒上菜，为张大人接风。"

张道本一见马殿富这么客气，也就答应不走了，他也是想进一步看一看马家的气派和根底。

转眼间，马家大院就忙活开了。

那时，马家的姑娘、媳妇一大帮，在老太太、大姑的带领下，鱼肉鸡鸭都是现成的，不久，二十道菜就上来了。因马家招待像样客人必须得上这道菜。酒更是像样，不但有茅台、西凤，更有马家老字号"芽汇升"烧锅自酿的小烧地产酒，有老怀德，还有榆树台子的"二影子"，也叫"二脑壳"，据说这种酒度数极高，人一喝上，看谁都影影绰绰的，所以叫"二脑壳"，而且此酒沾火就着，真正的老酒。

这一顿饭，由于马殿富已答应出三千斤糖茶支援县衙的"祭贤会"，这使得张道本心中一块石头落了地，因此吃、喝都十分放得开，各种酒菜，都是不断叫好，叫绝。

酒过三巡，菜过五味时，马殿富又说："大人，我有一请求，不知当说不当说。"

张道本说："兄弟，你我已成好兄弟，有什么话，只管说。"

马殿富说："我还有一个请求。"

张道本说："别说一个，就是十个，我都会答应的。"

马殿富说："不过……"

张道本说："怎么？"

马殿富说："这糖茶可不是谁都会做的。"

张道本说："什么？你又不想给俺了？"

马殿富笑了，说："不是。"

张道本说："那你啥意思?"

马殿富说："得俺派人去给你做这糖茶才行。"

张道本已喝得半醉了。这时，他气呼呼地说："什么? 什么? 马殿富，你看不起我，是不是? 我这衙门，还不会糖茶? 你简直是在小看我衙门! 你这么说，不是想不给我糖茶，又是什么?"

说着，他"啪嚓"一声，把"二脑壳"酒的老碗摔在了地上，又说道："那怎么办? 你给我派人去做?"

马殿富说："道本大人，我话还没说完呢。"

张道本自觉失态，这才狠狠地掐了一把自己的大腿，说道："啊，那兄弟你快说吧!"

马殿富说："我早已安排好，'祭贤会'那天，我派屯里的一些姑娘媳妇，专门去给你做糖茶，你看，这总行了吧?"

张道本一愣，这才醒了酒。

张道本连连说："好哇! 好哇! 兄弟，掌柜的，马大人，方才是我误解你了! 完全误解了呀!"

马殿富说："大人，这回你放心了吧?"

张道本说："放心，我一万个放心。"

于是，又高兴地吃喝起来。马殿富见客人高兴，也就顺着人家的心情来，直到把个老怀德衙门知县的表弟张道本喝了个走不动道了为止。

这时，马殿富下令，"给张大人腾出一间屋子来，这三位客人旅途过于劳累，今晚就住在咱们马家!"

立刻，有小打给张大人收拾出一间清爽卧室，让这三人高高兴兴地在马家大院住了一宿。那时，马家大院已是著名的糖作坊，大人们高高兴兴地看了制糖手艺。

第二天头晌，马殿富又安排下人安顿轿子，不要让县衙客人在马上劳顿，干脆坐轿回去，而马，也不空身。他在每一匹马上先搭上了二百斤糖茶回去给县老爷，还有张道本他们几个人。这伙人，乐颠颠刚要走，突然，马殿富说："光派人去做糖茶还不行，还得用我的糖碗！"

张道本："啊？你的糖碗？"

这时，上了马的张道本一行人，又从马上下来了。

为啥？他心里有一个愿望，真得看看这马家的"底细"，到底他家都有哪些秘密？怎么这糖茶还得他家人去做？不但他家人去做，还得用人家的碗？这碗，难道真的那么奇吗？

可是，他心里也有一个疑惑，是啊，这马家这个屯子就叫范家屯，难道真有什么奇迹不成？还非得用他家的碗就好吃，就拿得出手？此时，马殿富已看出张道本的疑惑。但他还是故意不问对方，只是呵呵地笑着，瞅着对方，等待着他发问。

果然，这张道本再也忍不住了。

张道本说："马掌柜的，你说，你家糖茶到底好在哪儿？"

马殿富说："产在范家屯。"

张道本说："那还非得你家人去做吗？"

马殿富说："别人做，也甜，也香。但不是最甜、最香。"

张道本脖子一歪："真的?"

马殿富低声一笑："这两天，你也不是没喝过呀。"

张道本问："这是绝活儿?"

马殿富说："当然。不过……"

张道本问："怎样?"

马殿富回："还有糖性。"

张道本又问："糖性?"

马殿富说："糖有糖道，米有米性。为何有道和性，皆因糖有气性。"

张道本哈哈大笑，说："说来说去，又扯到你家的糖茶了，是不是?"

马殿富说："张大人，不是俺扯到俺家地里的水土上，只因俺范家屯的水土太奇特了，奇特到你要不去看看，不喝上一口，你就会后悔一辈子的分儿上。到那看看，你就会知道，为啥我这的大米、糖茶必须得以范家屯的水去淘米，去焖饭，去熬糖，去制糖了……"

张道本说道："马掌柜的，啥也别说了，快领我等去见识见识你家的稻田、泉眼和水土吧。"于是就这样，一句话引得这老公主岭县衙张云祥的表弟张道本不走了，他非要在马家看个究竟不可。

于是，在马殿富的带领之下，他们要先去看看这范家屯的水土。马殿富命家人把张大人的马先牵回去，又派人牵出四匹"走驴"。只见那四匹"走驴"，一匹匹又高又胖，不比马小多少，而且一律黑灰色。

马殿富对客人说，这种"走驴"，是他从山西引进的专门驮人走动、出游的那种驴，它们本是山东阿城日后用来杀了扒皮做成东阿阿胶的珍贵驴种，由于它们胖瘦相当，高矮有度，快慢有序，很适于人骑着出门，所以他才从山西引进。

张道本有些不解，问："看水土，还需骑这些驴去吗?"

马殿富答："对。"

张道本说："看来，去那儿不好走。"

马殿富神秘地说："你一会儿便知。"

他又让人去库房取来四双靴子，那是当年下水田时大户人家穿用的物件，让张道本等人一一换上，然后他大喊一声："上驴!"

立刻，只见那四头走驴乖乖地伏下身来，等待客人上去，张道本等人惊奇地骑在了"走驴"身上。

马殿富骑在头一匹走驴上，他手握一根小柳树枝儿，轻轻在驴腰上一扫道："走，奔咱家的泉子走……"

那驴儿，立刻颠颠地小跑起来，后驴立刻跟上。

这一下，把张道本等人坐乐了。

由于马殿富选的驴儿不胖不瘦，人坐在上面不硌屁股，非常舒服，那驴奔刚刚开始抽穗扬花的稻田地、苞米地、高粱地而去，大田地越来越深，气息越来越闷热，道儿也越来越窄啦。

走啊走啊，又走了约有一袋烟的工夫，人们觉得庄稼棵子里的气温越来越凉了，而且，那小道仿佛是在下山，往下走，越来越低，这时，空气变得更凉啦，张道本和两个客人直冻得不得不裹紧了外衣。

又走了一会儿，突然，人们听到了"哗哗"的水声，可是，看不到河在哪儿，水在哪儿。

这时，走驴欢快地向前蹿去。

突然，驴一下子站住啦。

张道本盯着眼前时，一下子惊愣啦！

他发现，就在他眼前不足五米远的正在扬花的稻田里，有一个巨大的水柱冒出，从田里蹿起，足足有三米多高，水柱有头号大缸那么粗，水劲儿很冲，顶上泛起脸盆那么大的白亮亮的水花，那冷风，凉气，便是从这个水柱子发出来的。多年跟随表哥张云祥走南闯北，又深谙"四书五经"的张道本，他在当今周游故国古地，什么鲁地泉城的趵突泉，什么无锡的天下第二泉，什么敦煌的月牙泉，什么甘肃张掖的五色泉，什么新疆大沙漠里哈密的唐僧取经下马的下崖泉，如今在这沙漠北辽河以东公主岭乡野田地中的大泉眼的跟前，他惊呆啦，这才是吾本土的名泉哪！

见张大人发愣，马殿富又从腰带上取下一个泥碗，灰色，带个把儿，递上去，说："张大人，请尝尝！"

张道本说："什么?"

马殿富说："水。"

张道本接过泥碗，刚要下驴。

马殿富说："你别动……"

只见那驴，一点点地主动地驮着张道本靠近前去。

那驴，真是懂事，驮着客人一点点往前去，渐渐靠近泉水柱子；可是越往前去，泥越烂，水越深，直到张道本骑在走驴身上的小腿肚子已完全陷在了泥水里，驴才站立不动了……

这时，只听马殿富喊了一声："大人！别怕！接水吧……"

张道本这才本能地伸出泥碗，在那从地上喷涌而上的泉水柱子中"挖"了一瓢，送到嘴边，接着"咕咚咕咚"，一瓢泉水，他一点不剩地全喝了下去。

"天哪，"张道本轻轻地叫了一声，禁不住用衣大襟擦着嘴巴子，连连地叫着，"天哪，这水，太好了！太妙了！"

马殿富说："更绝的地方，你再看！"

说着话，马殿富打了个口哨，驮着张道本大人的那头驴，一躬腰，一个鲤鱼打挺从泥淖中把大人驮了出来。大伙"哈哈"一笑之间，驴儿又跟着马殿富上路了。到这时，张道本才充分领略了这乡间"走驴"的独特作用和能耐。

这回，是马殿富领着众人沿着流子走。

原来，那泉水从泉眼喷出后，一落地，就分出两股，各自向西、东流去，马殿富领他们向西边那股走去。

马殿富介绍说："这大泉眼子又分东泉水和西泉水，这东泉水，是留给本地乡亲们的，因这泉子，不论春夏秋冬，天多旱，它水也不见小，屯子和窝棚的乡民们，也得用这泉子水呀，而西边这股，是用于俺家的窝棚地和水田地……"

说着话，只见泉水流过了一个甸子。

在东北，甸子是最常见的一种自然现象，哪一个村屯、堡子、窝棚人家的地方，必须有甸子，如果没甸子，就不是北方的乡野，甸子可以放马、喂羊，也是存积雨水、雪水的好地方，更是人们生活离不开的地方。

从前叫甸子，但又分湿甸子和干甸子。湿甸子，其实就是今天人们所说的"湿地"一样，干甸子才是可放牧的草原、草场子。这儿生长着大量茂密的野草、野花。

这时，人们看不到泉眼的水啦。

张道本有些失望，水呢？

原来，那里有一座砖窑，是马家专门烧制喝"糖茶"用的碗的！

马殿富笑了，他也不说话。这时，只是一指。张道本再一看，一下子惊呆了，只见他的走驴的脚下，原来是清亮亮的水，而且，有一道道的黑印！

张道本问："这是什么？"

马殿富说："是鱼。"

张道本："啊？什么鱼？"

马殿富："鲤子。"

张道本坐在驴上，已见鱼儿在他骑的走驴的蹄下和胯下，游来游去，每条都有一根筷子那么长，于是信口说道："足有二斤多！"因他知道，鲤鱼本也是不大，二三斤也就不错了。

但只听马殿富说："什么什么？"

张道本说："二三斤！"

马殿富道:"你捞起来看!"

那张道本坐在驴背上,弯腰下去向一条正游过来的鱼靠近,一把抓起!只听他突然大叫一声:"我的妈呀!"只见一条足有五六斤重的大鲤鱼被他提了起来,由于鱼太重,又是活蹦乱跳,张道本一下子被鱼带得从驴背上"咕咚"一声摔到湿甸子里去了,马殿富上前一把,将他捞起,人们"哈哈"嬉笑不止。

马殿富说:"每一条都这么重!沉哪!"

再往前,便到了"干甸子"。

张道本又问:"大泉眼的水呢?"

马殿富说:"您来看!"

原来,大泉眼的水流过"湿甸子"的湿地、稻田里,生养了许多野生鱼,那鱼,看上去不大,可是拎起每一条人都拿不动,它们长得很快,就是专门喝这大泉眼的水,又吃这湿甸子草里的小虾、小鱼、小虫、小鳖、小蛇什么的,所以又肥、又鲜、又嫩,怪不得昨天马家的下酒菜这么好啊。

马殿富告诉他,用这儿的泉子水焖上大米饭,一粒是一粒,又暄、又鲜,黏软有度,米味儿浓极了,别的水,就没有这种味儿。说着话,已到了"干甸子",用这土制碗盛水,不走味儿!

突然,就见甸子中间的一道水渠上,飞蹦出一只大蛤蟆,可是,只听"突突突"一阵响,又见十来只大公鸡、母鸡不知从哪飞来,它们一下子啄住蛤蟆,大口争吃起来!转眼间,蛤蟆被吃没了,而那群鸡,又在空中飞来飞去地追逐空中、草上的小虫子。

马殿富告诉大伙,这是俺家的鸡,它们肥透了,俺在干甸子中间修了大泉眼的水渠,让清水流过,流向自己家的院里井中,而半路上这些家鸡都变成了野鸡,它们成天不着家,守着这富裕的泉子有吃有喝,乐不思蜀啦。

到此时,张道本已万分惊奇马家的糖茶和水土啦,他甚至不想回老怀德府衙了。

'祭贤会',设定于九月初九在公主岭公园举行。

这个公园,可是个好地方,在清朝中期曾经是蒙古王爷色布腾巴尔珠尔的跑马场,占地四千多平方米,东靠半拉山门的布尔固特边门,南面是一条小河的北沿,西面是茫茫的辽河草原,北面是个出口,正对着老怀德老街通往秦家屯和郑家屯的古道。

为了把这次盛会办好,知县张云祥是费了一番心思的。

他想,自己是初来乍到,这件事完全关乎他日后的名声和形象,办好了,对他日后掌控辽河东岸和地面有偌大好处,一旦办砸了,不但成为千古罪人,就连今后在此地站脚立足都很难。所以他准备孤注一掷,一定要把这次"祭贤会"办好,办得像样,办得出色。

请什么样的人来参会,这很重要。

张知县想,所谓乡贤,一定是那些在地面上有形有影,为本土父老乡亲做出过贡献和功绩之人;还有就是贤孝榜样,如贞节烈女、孝道楷模、忠义之臣,为民之典范。但这位张知县又想,自己一定要有重点和一个创新。

他心中想的重点,就是要选那些在本土有让人看得见功绩、摸得着实业的人物，他决定选一些开荒、种地、筑城、修边、守驿的老兵丁、将帅，还有一些能工巧匠，如铁匠、皮匠、木匠、油匠、纸匠、糖匠、锅拉匠、棚匠、瓦匠、扎彩匠、吹鼓匠、裁缝匠，真是五花八门，各行各业的代表匠人。

与此同时，他又想到了第二个点，那就是"新"，创新。他想到了那曾经为怀德这块土地而献出生命的英雄豪杰，遗老遗少，因为他知道，这才能打动人心。

他让技师从《老怀德县志》《乡土志》中一一查找，古今老怀德人物，凡是进入年表，为本土之民、之地做出贡献成为典范，但已故去的"人物"，也一一在列。这样找来找去，竟然找出五十多位先贤古人。

这些人既然已故去，又要表彰他们，张知县觉得，只有立牌，让他们的牌位到场、到位。

他让手下之人找了二十名手艺精湛的软木匠，以铁梨木、桃木或黄菠萝、色木、为故去的英贤刻牌。

那牌，刻得地道。每一个都是一米高，半米宽，中间是英贤之名，四周是云卷、花纹，配以天蓝色油漆，哎呀，看上去那牌威武、庄严，又不失喜庆、大方。

接下来，知县令人搭扎彩门。

公主岭公园集贤会的大彩门，高三丈六，宽二丈九，取"三三见九，六六大顺"之说。门顶上方，各卧有两条苍龙，中间一个红球，取"二龙戏珠"之说；沿整个公园四周，是八百面彩旗，那是八旗兵的威武旗帜，那些旗帜如果有风刮来，"咚咚"的旗帜飘动之声，就犹如惊涛骇浪滚滚而至，又似千军万马从远方的战场驰骋而来，庄肃严整极了。

门口，张知县还请来二百多名吹鼓手，二百面大圆鼓，漆着通红的油皮，在烈日下闪闪发亮，那个铜号，喇叭，更是金黄耀眼，让人心中顿生威武之感。还有当地的秧歌、高跷，戏班子还准备了一些戏曲，如《群英会》《麻姑献寿》《八仙过海》，等等。

头五天，就有各方英贤之人按册前来报到，县城各大店铺、驿馆、大车店，统统对这些乡贤开放，他们本人和随行之人一律在店里免费吃免费住。全县父老和他知县本人早已准备好，为迎接这次集贤大会不遗余力。

九月九日一大早，乡贤们都来了。

只见偌大的公主岭公园广场上，由木匠们做的大椅子、长条桌，全部摆在当中，每个大椅子前面，都是一台桌子，上面摆好了盘、筷、盅、碗，最前面，是五十块已故乡贤的牌位，依然是盘、筷、盅、碗摆好、摆齐……

突然，公园北大门口人声鼎沸，人们呼喊着，都往那边瞅去，只见一个男人领着一大群年轻的女人走了进来。

只见那头前的男子，穿戴得整整齐齐，长袍，马褂，白袖口挽在外面，不断地向四处来者叩拜施礼，十分虔诚，有礼！

他后面的这几十位女子，更是无比美艳惊人。

只见她们，个个都是漂亮极了，年岁也都在二十岁左右，每人都穿着一身粉地上有小紫色碎花的小袄，一根大辫拖在屁股蛋儿上，每个人都扎着一条海蓝色有白点花的小围裙，这使得她们的腰身、胸脯、臀部都衬得凹是凹，鼓是鼓，而且，她们的头左鬓角处，都戴着一朵小花，她们每人手里，都端着一个瓦盆，盆里有小木铲！

这时有人喊："来啦！这是煮糖茶的'糖娘'们来了！"

"她们都是专门来煮糖茶的！"

"看看这些娘儿们，咳，咱们的娘儿们，往哪摆呀——！"

这种喊声传过去，只见那些个姑娘、媳妇，一个个的都抿起通红的小嘴儿，低头笑着，一个个更好看啦！

原来，这正是马殿富答应过知县，特意选来为这次"祭贤会"熬煮糖茶的糖娘们。对于选出合适的糖娘，他是费了一番心思呀，他从大泉眼屯子，从老家辽河西岸的梨树凤凰城，到范家屯那些专门种甜菜、熬糖的人家去挑，去选；甚至从他的七大姑八大姨的各种关系中去挑选，"拿不出手"决然不行，必须是个头、胖瘦、高矮都一致，而且年岁不能超过二十，过几个月都不行。因一旦被挑选上，今后她们的糖艺就传出去了。

走在这群糖娘前头的，当然是当家人马殿富了。而他，当年也是被张知县选定为乡贤的人，要坐上那些大椅子上的人物，可他再三推托，最后知县也无奈，就决定让马殿富之父老马上座位，老人推辞不过，只好默认。

就在糖娘队伍后，还有五十名挑夫，每人挑着一挑水。原来，这是马殿富把做糖茶的范家屯糖作坊的水也一块带来了。

在广场公园的东侧，是一排大棚。

这些大棚，都是当地出名的"棚匠"，专门为此次"祭贤会"做的。那些棚子，全用崭新的炕席围四周，里面搭上一个灶台，一根木烟囱，整个地从棚顶的席上穿过，棚帮周围的席皮上，贴着由当地"剪花"（剪纸）艺人剪的大团花和喜字，显得喜气洋洋。

更有意思的，是做糖茶的锅。

嗬，人们看去，那一百个大棚里的一百口锅灶上，全都是金光闪闪的熬糖的锅，又高又圆。

这种锅，很多人没见过，那是马殿富派人专门从东山里的烟集岗（延吉）采购，又经过马车长途拉载而来。这简直就是一道景观，奇特而新鲜。锅灶的两旁，是那些炖鱼肉的伙夫，他们"叮叮当当"地以勺子敲打着锅沿，一股香气立刻喷了出来，飘荡在公园的上空。

这时，一位如花似玉的姑娘，小嘴儿一抿，她挥动手中的小铲子，那模样，好看极了，她小脸蛋儿粉红，一双大眼睛忽闪忽闪的，睫毛一眨，立刻让人心动。她是谁？她便是马殿富的屋里的，著名的糖茶夫人！

只听她喊了一声："姐妹们，上灶——！"

立刻，这群美丽的厨娘麻利地分散开，各自走到自己的灶前，开始熬糖，做糖茶。

做糖茶，其实十分讲究，光有这种锅还不行，还得掌控好火候、水分，先倒水入锅，然后一点点放入糖疙瘩，每个勺子和铲子搅几下、搅几次，都有严格的操作规程，不然，熬出的糖就不白、不香，没糖味儿。

就在厨娘们动手熬糖时，场子里的长号吹响了，锣鼓也有序地敲打起来，只见会场门口，知县张云祥大人来了。

当日的张知县，穿戴着七品县官的官袍，头上顶戴花翎，脖子上悬挂着一串儿显眼的朝珠，在几位官员和大臣的陪伴下，缓缓地走入会场。会场的人都起身迎接父母官。

知县张云祥来在座位的一个台子前，早有人将他慢慢地搀扶上去。知县站定，他环视四周，然后说道："各位乡亲，各位父老，今天，我张云祥在我土举办这个盛大的"祭贤会"，就是为了表彰我乡我土那些英才贤德之人，他们是我们的楷模，我们要敬仰他们。还有，那些曾经为我土我民而英勇奋力，不惜牺牲，勇于献身的先贤们，也永远让我等敬畏。下面，我提议，请列位举杯，让我们先为那些故去的老怀德先贤英俊们，敬杯老酒——！"

立刻，全场静静的，没有一点声息。下人走上来，为每个人倒上白酒，接着，就听到那老酒泼地的"卟卟"之声。悲壮的奏乐响起。

少顷，张知县又说："这第二杯酒，让我敬在场的乡贤。本县从今推举你等，为我县永不忘记之功臣，永世称赞之楷模。来，我敬大家一杯！"欢快的乐歌响起。

于是，张县令把酒杯高高举过头顶，一饮而尽，全场五百乡贤也一仰头，每人将手中的老酒一饮而尽。

这时，锣鼓重新响起，喇叭奏出古老欢快的祝福曲子，张知县又开始举杯，——向每位乡贤祝酒……

他走到糖匠马殿富父子跟前，停了下来。知县说："我今天格外高兴，我看到本乡本土有你马家等这样手艺的大户，真是我土之荣幸，你等辛勤劳作，开荒辟土，种地打粮，特别是熬制出这样优良的糖茶，我张某乐呀！来，先敬您一杯！"

这时，肉菜、米饭、糖茶，都上来了！

嗬，这刚刚出锅的大米饭，白晶晶，软乎乎，盛在碗里，香气四溢，别说吃，看着都诱人。几个老头乡贤，如黑林子孙大耳朵老孙头，朝阳坡金大胡子老金头，杨大城子吴大辫老吴头，他们见了女人们刚刚焖出的大米饭，一个个叫好不绝。然后，是泥碗盛的大碗糖茶。

他们说："这饭，还就啥菜呀？就干造也能吃它八碗！"

另一个站在一旁看热闹的农民说："大爷说得极是，俺能造十碗！"

"加上糖茶，更好吃好喝了！"

当人们都在称赞大米"崴子香"和马家的糖茶时，有一双眼睛悄悄地盯着这里。这人是谁？表面上，他是公主岭茶社的掌柜，可他的眼神，那么奇怪。

就是在这次公主岭的"祭贤会"上，一下把范家屯糖茶之名传向了世上，可是由此也引来了一场灭顶之灾呀。

人这一生，往往想不到会有什么天灾人祸。天上日转月走，人间古往今来，转眼，光阴已到了二十世纪的1905—1910年了。这样一个时段，许多中国人是难忘的。自从1840年的鸦片战争之后，东北的许多口岸被打开，接着是帝国主义联合诱逼清政府签订了《朴茨茅斯条约》，强行修建中东铁路，到修成之后，又爆发了列强争夺铁路利益的日俄战争，日本人以战胜国接手了长春到大连段，称为南满铁路。这南满铁路，正穿过辽河以东的重镇公主岭，大泉眼和南崴子都已在人家日本人的视野之下了。

讲故事，说的是大米、糖茶之事，听起来却满腹辛酸。上面说到，当年公主岭开明知县张云祥为表彰先贤开了一次"祭贤会"，那次盛会上，马家的糖茶不是出了一次风头吗，一时间范家屯糖茶可就出名了。当时咱们故事就交代过，在那次的集会现场，当一些人嚷嚷着范家屯糖茶好吃时，一双贼溜溜的眼睛盯在了糖娘们端出来的一碗碗糖茶上！如此上好的糖茶怎么会出在中国人手里？日本虽然远离中国大陆，可是他们久久地窥视着周边的地方，伺机扩大地域，现在这种机会终于来了。本来中日甲午战争，他们击败了北洋水师，原想直接侵占这个古老富裕的国度，而且他们明白"欲占中国，必先占东北"，因这里太富饶了，只要把长城以北一占领，它就可以"长治久运"了。可是想不到他们的野心又被许多国家联合扼制，又等了十年，他们终于击败了俄国，把"中东铁路"南段弄到了手，这一下子，主意可来了。

他们打的第一个主意，就是先派开拓团。什么叫开拓团？光听这名，就明白了其意，"开""拓"，都是"硬"性进入；团，是大批人马，闯到别人地界，拓开。

1905年春天，第一批日本开拓团大张旗鼓地开进了辽河两岸。

那些开拓团，明里是日本偏远山村的农民，而其实是日本中东铁路株式会社（宪兵队，关东军）的一些隐性人员，因为你明目张胆地说派驻驻守中东铁路人员太露骨，清政府也不能让你派驻那么多，于是他们就换了一个说法，把这些"人员"都隐藏在开拓团里。起初，清政府也被蒙在鼓里。

开拓团目光极其独特，他们一入中国国土，就把目光盯在"土"上。

千百年来，中国人视土如命。我国人民从古代起，就在"土"上起早贪黑地劳作，把多少荒原开成了农田，种出了各种上等的农作物，东北的民歌之中有一首《嘎达梅林》，唱的是："南方飞来的小鸿雁啊，不到长江不起飞，要说起义的嘎达梅林，是为了蒙古人民的土地。"土地，那是生命的根哪。他们也懂得这一点，所以早早地就下了"茬子"（手段）。

我们知道，表面上看，是1905年，日本人打败了俄国人才把开拓团和南满铁道株式会社引进中国，其实根本不对，早在甲午战争前后，日本的各种组织，什么"黑龙会""武士会""教会"就通过各种方式进入了中国，进入了东北，而且，早有了许多公开的"身份"。其中，早在清末怀德知县张云祥举办"祭贤会"的那次盛会上，不是有一双贼溜溜的目光盯过来了吗？这个人叫晓松光治。

晓松光治何许人也？他老家是日本山梨县，是个中国通，在公主岭老怀德开了一个茶楼。那次张知县举办"祭贤会"，他的身份是不能参加的，但他可以看热闹，他混进公主岭百姓中，着着实实地看了一回美厨娘，看到了东北平原和辽河东岸的大米饭、糖茶，那让他几乎欲罢不能。

他太忌恨中国人的能耐了，特别是当他听到吴大辫和老金头他们喊这种大米饭可以不就菜，一口气可以吃好几碗，那糖茶咋喝都不够时，他的心被刺疼了，立刻离开了。

其实这种看不得别人好的仇恨，已深深地埋在了个别日本人心里，这也是后来日本人在长春建立伪满洲国，在法律上就专门有一条"中国人不许吃大米，吃大米就是经济犯"，那是日本人建立伪满洲国后通过伪满"兴农部"、"治安部"制定的《饭用米谷配给纲要》中的法律规定，难道这是巧合吗？

当年，日本的开拓团总部建立在公主岭河南街原加拿大教堂神父巴可奇住宅的对面，五间大房子，里边养上狼狗。这是驻吉林开拓团第52团，团长为牛岛二郎，还有左岛和马岛中熊几个人，他们本是宽甸守备队的大佐、中佐、少佐，可关东军为了严控中东铁路沿线，特意把他们从宽甸调到了公主岭一线。这天天刚黑，左岛少佐带着一个人走进来，这个人戴着一个口罩，捂得严严的。院子里，许多原先来的和刚刚来的开拓团的人员，男男女女、大人小孩都在吵吵嚷嚷："我们要好些的农田！现成的农田！"

牛岛有些不耐烦地嚷道："都闭住你们的臭嘴，谁不想要好的？得想些法子呀……"

这时，那人进了牛岛的屋，牛岛把那些吵嚷的开拓团的人都撵出去了，这才对进来的人说："坐下吧。"

那人摘下口罩，正是在公主岭表面开茶馆的晓松光治。两双眼睛对望了一会儿，还是牛岛先开口："晓松君，你应该知道我想问你什么。"

　　晓松光治说："是的，牛岛将军。可是我明白地告诉你，在如今的辽河东岸，土地最好的就是马家，立号为芽汇升，他们拥有种甜菜的良田，而且，能产最优质的糖茶！"

　　牛岛问："糖茶？"

　　晓松说："范家屯糖茶。"

　　牛岛说："范家屯糖茶？"

　　晓松说："是的。"

　　牛岛自言自语地说："那好啊，咱们开拓团就要这块地。"

　　晓松不动声色，这使牛岛摸不着头脑。于是，牛岛急迫地问："你怎么不说话？这些年来，你隐在支那，这时候该用上你了！"

　　晓松叹了口气，说道："要想弄他们的地，这好办，可是弄他们的手艺，这不太容易。"

　　牛岛火了，说道："我们大日本在支那，没有不容易的事。"

　　晓松说："牛岛先生，你不要过于发火，东北，还有支那，你初来乍到，有些事情你还不清楚。"

　　牛岛不服气地说："什么？我不清楚？"

　　晓松不瞅牛岛，只是瞅着窗外漆黑的辽河的夜晚，仿佛在倾听着旷野上的风，在"呼呼"地刮着，几只野狗在户外汪汪地嚎叫了几声，晓松慢慢地说着，对牛岛团长说，仿佛也是在对他自己说，"糖吃多了，会龋着的！"

看看牛岛有些泄气了，晓松又将语气拉了回来，说："牛岛将军，我们本意不是不开拓，我们还是要开拓，要强占中国人的好田、好地、好艺。不过，不能明目张胆，要巧妙地进行，悄悄地下手！"

牛岛这下乐了。他从酒柜里倒出一杯清酒，递给晓松光治说："来吧，喝一口吧！"

晓松接过来，只喝了半口，就"噗！"的一声吐在了地上。

牛岛一愣，问道："怎么，你看不起我？"

晓松笑了，说道："牛岛君，你不要介意。我是喝惯了他们马家的糖茶，再喝咱们的清酒，简直是没法下咽！"

牛岛说："他们的糖茶那么好喝？"

晓松说："我说了也没用，等下次我把事情办得差不多了，我专门给你带来一些糖茶，你尝尝，保管是一饮而不忘啊！"

牛岛二郎说："那我就等你的好消息了。"

临出开拓团的院门，那些等在外面的开拓团人，一下子涌进牛岛的办公室，大喊大叫着："有好地了吗？"

"有好地了吗？"

"分给我吧！分给我吧！我是最先报名来支那的！"

"我也是呀！"

开拓团人员大吵大嚷。

牛岛一气之下，大声骂道："都给我滚！统统地滚回去！"那些吵闹的人，这才悄悄地走回各自的屋子去了。

晓松光治的话，使牛岛一宿没合眼。

第二天，他来到了晓松的茶楼。

那茶楼，开在公主岭大十字街的街口，正南是一座妓院，木楼，这里也是晓松经常光顾的地方；正西，有一座水楼子，那是中东铁路公主岭车站的水塔，刷着浅黄的漆，高高地立在铁道边。

见老朋友牛岛来了，晓松把服务员撵走，他亲自为牛岛泡上一壶关东名茶杜鹃茶。

晓松说："牛岛君，这可是长白山的名茶，请你品尝。这种茶，在山顶，很独特，专门长在火山灰上。"

牛岛说："啊？那太奇特了。"

晓松说："它之所以好，是占水上。"

牛岛一愣，问："晓松兄何指？"

晓松说："万物乃好，全靠水而养之；此茶之所以好，是它长在高山之顶，又因它的底下，就是长白山的天池之水。"

牛岛对晓松对中国自然、地理的了解非常羡慕，他极力地赞赏。突然，晓松又说："牛岛君，您抬头看！"

他手往西边指去。

牛岛顺着他的手指看去，什么也看不见，只是公主岭的水楼子，上边长了许多蒿草，有一群麻雀在飞来飞去……

牛岛说："看什么？没什么？"

晓松说："那是什么？"

牛岛说："车站的水楼子！"

晓松说："对，就是水楼子。"

牛岛问："水楼子？"他不懂对方之意，又自言自语地说道，"不过是加水而已。"

可晓松却告诉他，水从哪来？从地下；地下为何有水？是水有水线。水动水走，有自己的线，范家屯糖茶为何香？就是因为它长在一条奇特的"水线"上，而这条"线"，正好这边是公主岭车站的"水楼子"，而水楼子正和这水线"在一条线"上……

晓松边喝茶，边在屋里踱着慢步，口中如说诗一样，不断地重复着这些数据。

这使得牛岛有些不耐烦。

牛岛说："晓松君，您怎么啦？是否昨天夜里没睡好觉？"

晓松一听，摇摇头，又哈哈哈大笑三声，说："牛岛君啊牛岛君，你的脑袋分明是木头做的，我和你说话，真好比对牛弹琴！你呀你呀，你难道还不明白吗？现在，我们要与中国农人抢夺土地，抢点好田，夺来稻田和糖厂，在公主岭，就得用这铁路水塔……"

牛岛更不明白了，说："水塔？水塔有什么用？它是死的。"

晓松说："可，你是活的！"

牛岛问："我与水塔？"

晓松告诉他："对。"晓松给他指明路，现在，开拓团必须与"满铁"合作，给公主岭农民制造麻烦，见哪块地好，就说在哪儿建一座水塔，或者中东铁路护线什么的机械厂，修建社，让农民倒出地方搬走，然后开拓团不是就可以名正言顺地搬进范家屯已开好的地盘里去了吗？"你呀，你的脑瓜子真不如那一个死死站在那里的水塔!"最后，晓松气得骂道，"我是说，抢水线是个理由!"

这一下子，牛岛弄明白了，这是让他找借口，借机出手。于是重又端起好茶，"滋儿滋儿"地喝开了，二人心照不宣地笑了起来。

听着太爷和父亲传奇般的故事，光阴就这样一点点过去了。等到儿子马会君十几岁时，他不但开始给父亲打下手，成了马家棚铺的正式传人；等到他二十几岁时，他完全接过了父亲的绝活儿，并在营城子、公主岭一带，成了远近闻名的糖匠了。当年，马家棚铺的手艺是全套的，一开始在市场等活儿，后来是人们到营城子村里来请，这时，马家就得赶上大车，将锅碗瓢盆拉到办事的人家去，于是，马家也等于开起了车店，谁家有事，大车出发。到马会君三十多岁成家立业时，东北就整个让日本人占了，他们四处杀人放火。有一次，他们抓来了四十多人，说是胡子，都押往营城子，全都枪扎刀砍了!

记得当时被害的那些人里，有一个姓董的，他是大岭金家屯人，日本人抓他时，董家他的一个表弟一时性起，一刀砍死了日本驻公主岭守备队的一个大佐。日本人杀害了那四十多人之后，也想给他们的人立碑，做道场。做道场，日本人也想按中国人的风俗来办，于是一商量，他们就让公主岭中国衙署守军的大队长张全胜出面，想请马家人出场，操办此事。

开始，他们没明说，张全胜也只是说有公办，请马家父子到公主岭衙门议事。

等马殿富领着儿子来到公主岭，才知是这么回事。

马殿富说："张大队，这事我们得回去商量商量，后日回话。"

张全胜说："务必回话，不得有误！"

"好！好！"

回到家后，父亲对儿子说："无论如何，不能给他们干，给多少钱也不能干！"

儿子说："后日回话怎么办？"

爹说："三十六计，走为上策！"

于是，马家棚铺就开始搬家。

当年，马家棚铺虽然没有什么大家大业，但俗话说，搬家是个穷折腾，越折腾越穷！又由于是在匆匆忙忙中避难，许多东西，只好舍掉！但是，制糖人那套工具、家伙式儿，他们又包又裹，逃难去了……

当年，周边村屯都愿意接收马家棚铺爷儿俩来避难。于是为了减少日本人和衙门张全胜大队的追查，马殿富去了离营城子西北的火烧里，马会君去了离营城子不远的金家窝棚，从此，马家棚铺在营城子"销声匿迹"了。

两天过后，公主岭衙门张全胜大队长不见有动静，就派人到营城子来追查，老百姓都给打马虎眼，异口同声地说，马家棚铺搬家了，搬到哪，谁也说不准，还有说，马家人回关里家了；关里是人家老家，人家愿意啥时候走，就啥时候走，谁也不能拽人家！公主岭衙门来人没招，只好回去向张全胜如实禀报。

从此一段时间，马家棚铺爷儿俩转入"地下"工作阶段，市面上都说马家棚铺不存在了，可是生活里乡亲们都知道他们的底细，请他们马家出手，都是秘密进行，主要是为了躲避日本人和衙门的追查，可是没想到，却形成了一个规律。

从最早逃避日本人找麻烦和官府的纠缠，虽然他们马家四处躲难，但百姓还是需要他们马家的手艺和绝活儿啊，于是从日本人统治时期，到日本投降之后，马家先是陆陆续续地从火烧里、金家窝棚时常回到营城子，到后来又彻底回到了营城子，却形成了一个在当地供销社卖糖人的习惯和规律。

原来在当年，特别是在新中国成立后的一段时间，供销社是我国农村生活和生产与经济活动的主要交流方式，那时，社会生活需要的一切，都要通过供销社，万万没有想到，马家糖人也进了供销社了。那时，父子俩分别在火烧里和金家窝棚避难期间，他们的手艺并没停，特别是糖人。农村人的生活本来就是寂寞枯燥的，可是在东北，那由于马家手艺所兴起的糖人，却越来越受到百姓的喜爱，甚至城乡的孩子们都喜欢上了。

而且在当年，由于东北盛产甜菜疙瘩，糖源充足，一个糖人做好了才卖三分钱、五分钱！有时，一个鸡蛋可以换好几个糖人，这使得糖人作品更受欢迎了。那时在火烧里和金家窝棚，就流行着马家糖人。

开始，他们夜里开作，然后用白菜叶儿盖上，一件件的，装在一个糖匣子里。

那种糖匣，更是马家的独特手艺，他们家本是木匠啊，装糖人的糖匣，一律一尺长，半尺宽，半尺高，匣子上画着各种图案，有趣极了，每匣可装五十至八十片糖人，为了满足村民和孩子们的需求，马家糖艺匠人往往把糖匣码好，捆好，搭在驴背上，往各村送，人们称为"马家糖匣，马家糖驮子"。

这种糖匣，每日分别送往周边的老怀德、黑林子、榆树台子、刘半仙屯、张万贯屯，甚至泡子沿和宽城子（老长春）的大屯也送，放在村里的固定地方，人们来买，挑选自己喜欢的动物、人物、花鸟、鱼虫，随便选择，真是方便极了。

马家糖驮子送糖匣人，手里持一个铃铛，每当进村，铃铛摇响，糖匠开口便喊："糖人来啦！来拿来取呀！"每当马家糖驮子进村，一帮帮孩子，往往跟着匠人的糖车子跑，喊糖谣：

> 吃糖人，有糖味儿。
>
> 薄荷糖，冒凉气儿。
>
> 芝麻甜，有香粒儿。
>
> 马家师傅真带劲儿。

到了后来，爷爷马殿富老了，干不动了，这时，父亲马会君参加了供销社工作。

那时，中国的生活制度全靠供销社，于是，马会君便把糖人手艺和作品，带到了供销社，摆上了供销社的框架子。只是在"文化大革命"时期，做糖人算"资本主义"，被当成资本主义尾巴割掉了，马会君无奈，只好赶大车，又选择了开车当司机，后来，他家从营城子搬到了长春，他在四货运开车，跑长途。可是，他心里依然放不下自己的糖人手艺。

其实想想，他们马家的糖艺，怎能忘啊？

无论是新中国成立后，还是"文化大革命"期间，他一直在心中和生活中爱着自己的糖人。"文化大革命"期间，糖供应限数，为了不失掉这门手艺，马会君就用面、粥，来教自己的儿子马国俊、女儿马秀文等，他不忍心丢掉自己的手艺呀！但是，在糖人糖画不被重视的时候，马会君就在生产队赶车，再后来，他就来到了长春四货运（在平阳的伊通河边上），专门开车，拉货，送货，可是一闲下来，糖艺在他心里直痒痒，有时他在节假日，还是背上糖袋子，拎着糖锅子，徒步来到平阳街一带，卖一阵手艺。

好在儿子马国俊非常聪明，他一下子牢牢地掌握了爷爷和父亲的绝活儿，而且，他极爱这种手艺、这个绝活儿，这马国俊一家子人仿佛天生骨子里就有糖艺的基因。

有一回，马国俊的工作单位生产不景气，他就利用节假日，到市场转悠，看看能干点啥。那时，工资少，女儿马雁生病了都没钱上大医院，只好找个小诊所打几个吊瓶。马国俊决心干活挣钱。可是干点什么呢？他在市场发现了一个做棉花糖的，他就问人家，大哥呀，这棉花糖该咋做？可是人家带答不理。

人家说："你长了做棉花糖的手了吗？"

他说："手？"

人家说："你长了吃棉花糖的嘴了吗？"

他说："嘴？"

人家说："告诉你机器在哪买的，就怕你找不着地方！"

后来他想，人家这是在讽刺他呀！他心里憋了一口气。他心想，我不蒸馒头也要争口气。

他回到家，看看病在床上的女儿，决定自己要做出个样来看看。

但是，做棉花糖，其实不容易，主要是机器不好做。但是，他脑子好使，人聪明。这一天，他在一个破烂收购站买回一台破洗衣机，他自己就开始制作棉花糖机。在拆一个零件时，突然一个铁牙弹回来，当时把他的牙抽掉了，他昏过去了，满脸是血……

女儿马雁一看父亲倒在血泊里，她一头扑在父亲的身上，哭喊着："爸爸！爸爸！你醒醒！咱不干了！咱不干了还不行吗？"

马糖匠从昏迷中醒来，他替女儿马雁擦擦眼泪说："孩子，世间万事，都是难的。就如糖，它是甜的，可是，没有苦，哪有甜？你知道'痛快'二字吗？"

女儿马雁说："痛快？"

父亲说："对呀！人生万事，没有痛苦，也便没有快乐！"

女儿记住了父亲的话，从此，她更加敬佩和爱自己的父亲了。

就这样，马国俊制作了第一台棉花糖机。当他也在市场上卖棉花糖时，那人愣了。后来，他们二人成了好朋友，而且是忘年交。

可是，马国俊思来想去，他无论如何不能丢掉爷爷和父亲传下来的古老的制糖人、糖画老手艺、老绝活儿呀，而且这是中华民族优秀的工艺传承、饮食传承啊，于是，他丢掉了棉花糖手艺，重新捡起了他家族古老的糖人制作技艺。

这些年，马国俊的糖画手艺越来越出名，别人看到他做糖画时的样子，简直像玩一样，以为十分简单容易。有一天，他在圭谷大街一带上买卖，那里正好有个民间艺术节，来来往往的人挺多的，这时，来了一个中年人。这人高高的个子，黑黑的卷发，两只大眼睛，一看就是一个学者的样子。别人都买，他不买，只在一边看。

过了一会儿，他对马国俊说："师傅，你这糖人多少钱一个？"

马国俊说："五元！"

"我给你十元！"

"那我就给你两个……"

那人说："不，不是这个意思……"

马国俊说："那你是……"

"我想学学……"

"你也想画一下子？"

"对！对！我也想照量一下子！"

马国俊说："恐怕你，照量不了！"

"不见得……"

"你真要照量？"

"真要照量一下子。所以，我给你十元钱，不能浪费你的糖啊。"

啊，原来是这样。他看着挺好玩的，也想"玩"一下子。于是，马国俊说："好的，那么，不要钱，你来试试吧！"

"试试就试试！"

中年人不服气地接过了马国俊递过来的糖锅和糖勺，马师傅又给他扎上围裙，他大大方方地胸有成竹地站在了糖台后面，开始了画糖画。

看得出，他是一个具有很深美术功底的人，那出勾（出笔）的一招一式，那蘸糖的小心翼翼，都说明他是有备而来，说明他很具有美术修养。可是，渐渐地，他手忙脚乱了！

只见他，顾了蘸料，顾不上下勾，顾了下勾，顾不上蘸糖，而且，只见转眼间，糖锅就冒起了烟，并飘起一股糊巴糖味儿………

只听他旁边的几个小青年喊："糊了！老师！"

"老师！糊了！"

此时，被称为老师的人，已是满头大汗！他急忙放下糖勺，对马国俊说："对不起师傅，我服了！我服气了！我会回来，单独拜您为师！"然后，他匆匆忙忙地走了。

这时旁边一个人告诉马国俊说："我认识他！他是动画学院的一名美术老师，可愿意学习了。但这一次，他领略了做糖画的不容易！"而马国俊，却非常钦佩这位动画学院老师的勇气，他让这人转达他的邀请，说随时可以让他来学糖画。

特别让他欣慰的是，女儿马雁成了他的接班人，可心的手艺传人。

这些年，东北的糖人艺术在他们父女的传承下，开展得风风火火，各种大的活动、集会，都离不开他们的手艺和这独特的艺术样式了。

于是，大东北，大关东，有了一个无比甜蜜的事业——糖人。

糖人艺术，这也是吉林省非物质文化遗产项目当中比较奇特的一个类别。在省内和全国许多非物质文化遗产展示会上，马氏糖人一露面，保准就会受到人们的喜爱。在2019年秋天国家第一个丰收节到来之际，我曾经有机会与马国俊师傅参加各种民间艺术节，亲眼看他熬糖、作糖画，一次，我们一起来到了九台其塔木蛤什蚂乡，参加了关云德农民民俗博物馆举行的皇粮贡碑揭幕仪式、五官屯农耕展览馆开幕仪式等活动，马氏关东糖人艺术又在这次活动中彰显了自己的独特魅力。

马雁在父亲的带领下，组织了许多糖画学习班，吸引了很多中小学生还有年轻教师。其实，孩子们有着天真的学习心理和兴趣，他们对糖画充满了好奇。

有一天，马雁来到了吉林省孤儿学校。

那一双双探索自然和生活的眼睛，那一个个渴求知识的心灵，深深地打动了她。她决定用糖画这种古老而神奇的民间乡土艺术，去打开孩子们的心扉。那一天，她给孩子们讲了四堂课，孩子们对这个非物质文化遗产更加感兴趣了。由于这个学校学生们的特殊来历，马雁便针对孩子们渴求对大自然生态和文化了解的心态，创作出父亲的拿手好艺：十二生肖。

孤儿学校的孩子们非常喜欢动物，那一个个生动活泼的生命，成了他们的伙伴。孩子们最喜欢马雁的糖龙。腾云驾雾，一种自由的渴求跃然而现，这个手艺在孩子们生活里传播得更广了，这也使马雁更加深刻地感受到遗产的力量和丰富多彩。

在东北，人们常说，骆驼走骆驼的，狗咬狗的，马走马的，马糖匠的手艺，就是一条执着的民间艺术之路。从太爷闯关东到东北，加上爷爷、父亲在东北漫长的创业过程，终于使糖匠马国俊和女儿，走上了传承糖艺文化之路。如今，马家糖画已成为独立的文化遗产类型，在东北的乡土之中独树一帜。

介绍糖艺遗产

糖匠马国俊与作者

二、康守仁

糖是甜的，糖匠的命是苦的。

这是一句民间谚语，也是糖作坊的一种生活习俗。在长春，从前提起"老茂生"糖果作坊，简直是无人不知，无人不晓，这说起来话长啦。

大约是光绪十五年（1889）的春天，两伙逃荒的从南往北就走进了前郭尔罗斯王爷的属地宽城子（当年的长春）。那时的长春老商埠地已是一个挺繁华热闹的地方了，大马路三道街北段，到处是店铺和作坊。就在当年长春最大的百货杂货店"玉茗斋"的一个胡同口，有一个"糖人作坊"，开这个作坊的是一对老夫妇，老头姓康。每天老太太熬糖，老头坐在门口的小凳子上吹糖鸭、糖狗、小葫芦、孙悟空什么的，很受孩子们喜欢。

糖作坊门口的一个木杆子上高高地悬挂着一个木瓢，木瓢的下边系一条布子，上面写了个大大的"糖"字，算是幌子。

老头那年已七十多岁了，周围的邻居们都喊他为康糖匠。

这天，康糖匠刚刚放下凳子要端过糖盆，就见门口来了一伙要饭的，是两口子领着一个四五岁的孩子，妻子怀里还抱着一个娃娃。

那男的突然说："帮帮吧！是康大爷吗？"

老康头一抬头，愣了。

因为老康头是天津滦县人，早年闯关东来东北，靠祖上制糖手艺维持生活，可是一听对方要饭的声音是乡音，也是天津滦县味儿，并且称他为"康大爷",想必这是"乡亲"来了。于是问道:"你是……"

"康大爷,我也是老滦州的人啊!"

"贵姓?"

"姓康。"

"啊!快到屋!快到屋!"

在早年,民间有个不成文的规矩,无论是在哪里,只要见了乡亲,就得招待。这也许就是中国人的美德。

四口人进了屋,上了炕,一攀一问,来人离康大爷祖上不远,叫康守仁,原来是经滦县的一个老人介绍,来投奔康大爷的。

康大爷一打听才知道,家乡这几年连年大涝,去年滦河突然出槽,一下子又淹死不少人。他们一家子四口边走边要饭,走了半年多才来到这里。老人一听,落泪了。

老人于是说:"守仁哪,咱们人不熟乡熟,人不亲姓亲!"

"这儿从今以后就是你的家,你们就住下吧。今后有我们老两口吃的,就饿不着你们哪!"

当下,康守仁一家子就给老人家跪下了。第二天,康糖匠在他作坊的房子后给康守仁一家压了两间小房,让他们住进去,于是两家人合成了一家。

康糖匠家虽然一下子增加了四张嘴,但是他从此也就有了帮手。每天,康守仁的媳妇接过了所有熬糖、拔糖的重活儿,老太太给她看着孩子,而康守仁则和康大爷两个人在作坊门口摆开了两个摊子,吹糖人,卖糖球。

从前的作坊，都是前边是门市，后边是作坊，场子和住处连在一起，一家一户的，管理也方便。

每天早上，康守仁早早地起来，把作坊里的四个熬糖炉眼点上，糖锅刷好了，水温上，作坊里收拾得干干净净；媳妇呢，则早早地起来淘米做饭，等饭菜弄好了，再招呼大爷大娘和孩子起来吃饭。

一家人处得和和睦睦，生意也很是兴隆。

当时的长春，由于经济不断发展，加上盛产粮豆，所以制糖业很是发达，但像康家这样的糖作坊就他们一家。康家有一种非常拿手的"糖球"，那就是把熬好的糖膏，放在案板上一滚，等出现圆形时，再在彩缸里涮上花纹，于是康家糖坊的大糖球就在老长春出了名了。

每年一到时兴节令、庙会，或谁家有个什么祝寿庆典活动，老康家的大糖球是必不可少的"礼物"。

康守仁的头脑也活，他把糖球放在一个一个的大玻璃罩子里，从远处一看，真是馋人哪，而且他又用自己印制的彩纸把糖球包成半斤一包的、一斤一包的，让客人随走随拿。这样，越卖越顺手，生意也越来越红火。

这年的八月中秋晌午。

康大爷突然对守仁媳妇说："云芝呀！去上街割几斤肉，炒几个菜！"

"大爷！过节？"

"不光过节。今儿个我有重要的事。"

守仁媳妇云芝乐颠颠地去了。

原来，康大爷心里有了故事啦，他已和老伴研究好，要收守仁为自己的"干儿子"。

因从前在旧社会，老艺人的手艺轻易不外传，而康大爷又没有儿女，加上这几年守仁在他跟前本本分分的，人又老实、肯干，对他们老两口又这么好，干脆这么办了。

晚上，菜炒好啦，酒也烫热了，天上的月亮也出圆了，老头和老太太端端正正地坐在炕里边了。老康头说："守仁，你们一家子坐下吧！"

康守仁刚刚坐下，老康头说："守仁哪！我和你大娘想了好多日子啦。我们没儿没女，你和你媳妇又都是好人哪！我们决定收你为我们的干儿子。你愿意吗?"

康守仁一听，简直愣了。

因为自从来到康大爷家，他觉得这两位老人既善良又热情，简直就是自己的亲爹娘，平时也是这么待他们的。但他不敢说，因从前都有个财产问题呀。现在，康大爷主动提出这个问题，他简直不敢相信自己的耳朵。

还是媳妇在一旁督促："守仁，还不快给大爷大娘磕头！"

说完，她拉起康守仁就跪在地上，连磕了三个响头，并叫了声："爹！娘！请受儿子守仁和媳妇云芝一拜！"

"哎！好！好！"

二老在炕上连连答应着，并说："孩子呀，快起来吧。"

这时，老头对老太太说："去！把小匣拿来！"

老太太回身从炕里的炕琴底下就拉出一个小匣，老头接过来，打开，只见里边是一包东西，打开一看，原来是一些散金碎银。

老头说："孩子，咱们真人不说假话，如今我们有了儿女啦，心里就乐。这不，这是我和你妈这些年来卖糖球、吹糖人挣下的一些积蓄，算起来也不老少，都在这儿。这是咱们的家底。今儿个，就都交给你们俩啦！"

康守仁说："爹！娘！这……"

"叫你们拿着，就拿着。这是'改口'钱！日后用得着！"

康守仁就是不接，并说："爹！要给我也行，让娘先替我们收着，等用时再向娘要！"

老头老太太一听，也乐了，就替儿子收起来了。

这以后老人没有了后顾之忧，康守仁也更放心大胆地干起买卖来。他和爹商量，把小作坊后边的八百多平方米的空场子地皮买下来，先脱坯垒了一个大院套，盖了八间房子，又招收了十多名小糖匠（力工），分成收作料进料的、上灶熬糖的、拔糖的和外销的几个工种，于是一个关东糖作坊就要开业了。可是，中国古语有个"讲"，叫作名不正则言不顺，总不能叫"老康头糖球作坊"吧？

爹说："儿呀！你想想起个啥名呢？"

康守仁虽然没有文化，一个大字不识，但他多年和爹从事糖业买卖，对这一行的过程和特性已了如指掌，于是说："爹！我看叫'老茂生'！"

"老茂生?"

"对。"

"咋讲?"

"有讲。"

"说说看。"

"爹！这'老'字，是取个咱们这买卖资格老，历史悠久，再说您是老一辈，也有老字号的意思！"

康老汉说："嗯。解得对！"

"这'茂'嘛，是指咱的买卖图个兴旺，财源茂盛达三江嘛！再说这'茂'也有'冒'的意思，是指买卖要干大，要冒尖。对不对?"

"对！对呀！再往下解！"

"至于这'生'吗，我是想取个'升'意，指咱们的糖作坊升高升起越干越大；而'生'吗，又指糖的糖芽能生，这也是咱们这买卖的特性……"

"儿呀！你解得好哇。"

"行不行，爹?"

老康头连叫："中！中中！小子，你起得真不错。咱就叫它'老茂生'！"

当下，儿子康守仁上街，到"玉茗斋"后边找来了几代为人代写书信的刘四先生，亲笔给写了"老茂生"三个大字，守仁又请来对门棺材铺的张木匠，亲自给刻在匾上，挂了出去。

老茂生糖果作坊于光绪二十五年（1899）的秋天正式开业，那在当年的长春，也是一件大事了。那时，老茂生糖果作坊有四间大房子并排搭着十六个炉眼，每个炉眼上是一口大铁锅，灶台的对面是一排大糖案子，靠西墙的窗子下并排放着几十口大缸，里边是凉水，要随时在案板中间的夹板中换水流动，使滚热的糖膏能冷却下来。

制糖是苦活、累活。

制糖的作坊里需要保持一定的温度。熬糖一般在锅内要达到一百多摄氏度，这翻滚的熬热的糖汁，时不时地喷出来溅在糖匠们的膀子上、脸上。糖匠没有一个肉皮子不是带着烫疤的。

有时，糖匠身上被糖一烫，用手一抹，糖和肉皮子就一块掉下来，有的眼被烫瞎。糖匠的身上常常贴着一帖一帖的"王麻子膏药"。

制糖，先要把砂糖熬成糖稀，然后倒在案板上冷却。但所说冷却也得不低于八十摄氏度，接着是"团糖"和"拔楦"。这都是制糖的不同过程。主要看要出什么样的糖。当年，老茂生一开业，就吸引了宽城子的家乡父老，老茂生又会做买卖，每到年节，作坊门口的玻璃罩子里放上"赏糖"，过路的可以随便抓。他们讲究一句话：歪瓜裂枣，谁见谁咬，卖糖的不叫人尝尝，谁买呀！

后来老康头过世了，康守仁把老茂生干得更大了。他重新扩展了院套，又招收了不少的"小打"，糖的品种也多了，除了著名的东北大糖球外，还有芝麻糖、螺丝糖、大香蕉糖和冰糖。

当年，聪明的康守仁自己进料自己制糖，他从农安和九台一带进来了甜菜，自己贮在小仓房里，一冬天专门使人熬糖。

　　老茂生院子里的甜菜堆得小山似的。他创造发明了"冰糖"，起名"红梅牌白冰糖"，这种冰糖洁白甘甜，它以甜菜熬制的白砂糖为原料，经过溶化、脱色、浓缩、结晶、分离、干燥等几道工序制成，最大的特点是糖含量高、质地纯净、甜度适口、晶莹洁白，使人喜爱。后来，老长春的"世一堂药店"竟然包销老茂生的冰糖入药，因为这儿的冰糖有润肺止咳、平喘化痰的疗效，真是奇了。

　　此外，老茂生还创出了一种"小人酥"糖，真是好吃极了。一投放市场，就供不应求。这种糖里边主要是芝麻馅，外边用脆糖做皮，一咬满口酥。这在当年，成了东北市场上的名牌。经过一百多年的沧桑历史，老茂生糖果作坊已能生产出三百多种糖果，新中国成立后公私合营，变成了老茂生食品厂。那时，这儿生产的品种就更广泛了。由于东北的长白山盛产人参，所以这儿生产的"人参软糖"极受外界欢迎。这种糖是用吉林特产的人参为原料，采用精白砂糖、高级液体葡萄糖和琼脂加工而成，吃了之后不但香甜可口，而且还能养血养颜，大补元气，和他们生产的鹿茸软糖一起，构成了老茂生糖的主要系列。就连许多外国朋友也十分喜欢老茂生的糖。

　　老茂生，在长春人们的心中有那么重要的地位，一想起它，人们就像嘴里吃了东北的"老皮糖"（也是老茂生的一种独特产品）一样，那香味儿和口感怎么也忘不了。

　　二十世纪七十年代初，康掌柜的去世了。人们怀念他，老茂生的人怀念他，长春的百姓也怀念他，那甜甜的老茂生的糖果作坊的故事已深深地留在长春老百姓的心底了。

三、苏传武

在北方街头，一个叫苏传武的老人走街串巷吹着糖人儿，他往往边走边喊："糖人儿——!"然后，他把挑子往那儿一放，立刻一伙儿一伙儿的人便围过来，大人小孩子都有。小孩儿们欢呼雀跃，大人们喜笑颜开。于是苏老汉望着包围着他的一圈儿一圈儿人，也乐开了。其实眼前的一切，勾起了他对童年的回忆。

吹糖人儿老艺人苏传武大爷今年87岁了，他老家在山东德州府陵县。十五岁那年，陵县一带遇上了百年不遇的大旱，庄稼颗粒不收，他和哥哥就决定闯关东。谁知路上又与哥哥走散了，他又累又饿就躺在一所破房子前睡着了。不知什么时候，他被一个人的喊声吵醒："你是哪儿来的? 在这儿躺着干什么? 快到屋吃饭!"原来，这是一家糖作坊，掌柜的王林老糖匠，昨天招来几个小打"拔楦"（糖作坊里一种很累的活计），可有两个小嘎嫌活儿累走了。王糖匠以为苏传武也是来干活儿的呢。就这样，苏传武稀里糊涂地进屋吃完了饭。一看主人不在，他想先等一会儿，等主人来了，谢谢人家好走。这时主人王林走进来说："吃完饭你还不去干活儿! 让我养你一辈子吗?"苏传武刚想解释什么，已被王林领进了糖坊。

原来，从前糖坊的生活也是很累很忙的一种手艺，需要有力气能干活儿的人。

只见大屋子里烟雾茫茫。靠屋角上一排四五个大炉子，上面是大铁锅在熬糖。旁边是一排用厚木做成的糖案子。熬好的糖由小打从锅里托出来放在木案上，再由几个有力气的师傅拼命地在上面狠摔狠揉。那种"啪啪"响的摔糖声，还有小打们在烟雾中托着糖包子来往穿行的身影使苏传武大吃一惊，原来糖球儿是这样做成的。就这样，苏传武就在这家糖作坊里留了下来。

师傅领进门，修行在个人。

苏传武开始学的就是"拔楦"。这也是糖作坊中最具体、最累的活计。但这是一种力气活儿，根本不算什么手艺。拔楦，就是把从糖锅里熬好的糖膏搬到案子上反复摔揉之后的工种。揉好后，再按照已制好的模子把糖膏塞进去，让糖变成块块、圆球儿、三角、长方形不等的各种形态，然后给下一工序去包装变成品。三年下来，他和别的小打一样，也只是学会了这一样。但苏传武是个有想法的人，他不甘心，总想琢磨再学点儿别的。在这个糖作坊里有个叫王成贵的老师傅，他生性乐和，还会唱两句民间小调。这个人，他还有一手绝活儿。

干糖匠这活儿，有时免不了有一滴两滴糖滚落在案子或什么用品上。由于糖黏，有时抠又抠不去，这被主人称为"手脚不利索"，常招主人大骂。可是，王成贵却会处理这些糖疙瘩。只要哪儿有了糖疙瘩，他往往会喊："别动!"

只见他手拿一根空心小棍儿走上去，把小棍儿插进糖疙瘩里边，对着那糖疙瘩用嘴开吹。嗬!只见那糖疙瘩立刻鼓了起来。转眼间，一只糖狗、糖牛、糖马，甚至糖飞龙、糖凤凰什么的便出现了。而且，在吹的同时，只见他的双手还不停地在上面捏着扯着，于是动

糖匠苏传武

物的耳朵、鼻子、眼睛也都相继出现了。

大伙儿简直惊呆了。一律叫好！

后来，就连掌柜的王林也来看热闹。而且特别是这样"处理"不一会儿，那糖疙瘩便会自己掉下来。真是绝透了。

后来，苏传武就私下里给王成贵跪下磕头，拜王成贵为师，专学把糖疙瘩吹成糖人儿的绝活儿。他这一学不打紧，这才知道，原来王成贵的绝活儿多了。这是他从小跟他的老叔学的。他老叔在一家大糖坊里当案子师傅，他早已会这种绝活儿，什么动物、人物、花草，都会吹捏，甚至捏出的动物、人物会动会走。真是绝了。

这一下子，可让苏传武有事干了。

苏传武常常给师傅打上二两白干，让师傅喝得心里乐呵呵，然后开始教他。

对于这一举动，一些别的小伙计只是看看叫好，然后拉倒。只有苏传武真心喜欢学，师傅也喜欢他。

原来，吹这种糖玩意儿并不容易。

首先，要掌握好糖的火候。火候，指糖的热度。太热了不行。太热了，糖就过于稀，气进不去；糖不热又不行，不热吹管根本插不进去。而且，手和嘴要独特配合。特别是物体造型时，往往要手眼嘴同时往一个主题上靠拢，不能有丝毫的走神。吹时，手还要不停地捏动，让动物长出耳朵，让人物更加形象。稍一怠慢，糖便会硬化，塑造便失败。

有时，还要加上佩物。就是给兔子、山羊等头上安上一对小风轮，风一刮，小风轮便"哗哗"转。

从十八岁开始，苏传武就告别了师傅，只身走南闯北开始了他的吹糖人儿生涯。后来，他闯关东来到了东北一个繁华的地方，那就是吉林的"船厂"（吉林市）落了脚。

船厂，这老吉林市放排赶集的人多，这儿买卖多、商埠多，各种民俗节日如北山庙会、小白山祭祀、河灯节、木把节，他都去"赶会"。赶会，就是站在集市上，摆摊儿吹糖人儿。那时候，他已自己制作了一个小糖箱。上面有糖炉（加热糖浆用）、色瓶（调各种颜色用）、糖棍儿（吹时用）、糖棒（拿糖人儿的小把），还有木末子，用来当燃料。他的手艺已越来越精——天上飞的、地上走的，甚至来个人，让他面对面地给你捏个"糖像"，他也能让人惊喜不已。现在，他各地方走动着，专门捏他的糖玩意儿。

如今，老人已是子孙满堂，生活早已富裕起来了。可是，他却丢不下他的手艺。儿孙们往往劝他，别干这玩意儿了。一天你也不缺吃不缺穿，你走街串巷地干这玩意儿，我们都跟着丢人。

老人一听这话，往往大骂儿孙们：你们懂个啥，人这一辈子就是吃喝吗？人要有个念想。我的念想，就是吹糖人儿。不干这个，我就受不了。

有一段，他气得不跟儿孙们说话，并且一个人搬出去了。他在一间小破房里住下，自己弄个破车子，推着糖箱子出去，沿街给大人小孩儿吹捏糖人儿。人们，特别是孩子们一见不着他就想他。孩子们常常在街上叫喊："走哇！找苏大爷玩儿去……"

儿孙们拿他没办法。

终于，儿孙们都被老人执着的劲头儿感动了。

儿孙们商量说，咱们就这么一个老人，听由他去吧。他愿意干就干吧。再说，这手艺也真是咱家人一辈子传下来的玩意儿呀。

于是，儿子苏天才买了一辆面包车。他对爹说，今后你再出去，说一声，俺们用车送你去。省得你一个人顶风冒雨的推个破车子出去。我们惦记呀。

老爹乐了。他于是说："这才像我的儿子。"

从此，北方的集市街头上出现了一个有趣的现象。每当苏传武老汉在什么民俗活动、集市上吹捏糖人儿时，儿孙们送他的汽车就停在市场外不远的地方，单等他吹够了或换场子时，好再拉着他和他的破糖箱子奔往下一个地方。

儿孙们也往往站在围着苏老汉的人群外边，目不转睛地看着，儿孙们那种眼神，充满一种深深的爱戴和久远的思索……

是啊，手艺，人一生的手艺，原来是一个人的命啊。

那是人生命的历程。

因为有一种情深深地蕴含在里边。

四、蔺松林

在吉林省长白县新市街 39 号，我们见到了一项珍贵而具有丰富鲜活内涵的非物质文化遗产——朝鲜族"挂珠粒"制作。这是由传承人蔺松林所开办的一家朝鲜族食品作坊，里边有三五位朝鲜族妇女，正在制作"挂珠粒"。挂珠粒是一种食品，有点像我们经常食用的薄饼。传承人边制作边告诉人们，制作挂珠粒，需要二十二道手工过程，先是将大米经过温水浸泡，然后上磨磨成细面，再将面揉成一个团，在盆中"醒"好，接着揪成一个个小团，称为"剂子"，然后在案板上擀成薄片，放入一个特制的小袋里，再送入烘干炉膨化。膨化的过程，使本来揉软的米粉饼渐渐地变脆，变成金黄，而且，一张如碗口大的小饼，此时已膨胀成如盆那么大，于是便开始了另一道工序——压型。压型，是使膨化后的薄饼成为一个个一面高一面洼的锅型，这时，开始了挂珠。

挂珠，就是往饼上刷麦芽糖浆。朝鲜族十分讲究生活食品的原

传承人蔺松林

珠粒垛

生态营养的保存。那麦芽糖平时大人小孩都喜欢食用，现在这糖已被泡成浆水，当刷在米饼的里层上时，一股香甜的气味儿立刻在作坊飘荡开了。刷完麦芽糖浆，传承人再将炒好的黑芝麻抓起少许（根据挂糖面积大小）撒在饼的糖浆上，于是再将饼一层层摞起来，形成饼垛。这就是挂珠粒。珠粒，指糖的水滴和芝麻；而挂，是指刷在上面。多么形象的一种称谓呀。

朝鲜族的挂珠粒，百姓十分喜爱。遗产传承人告诉我们，这种民间食品是朝鲜族生活之中不可或缺的食品。刷糖浆的高淑琴和蔺松林都告诉我们，每当各家孩子过生日前，家家都习惯先来买一些挂珠粒，拿回去给孩子和前来庆生日的亲朋好友们品尝，而且来之前，要先"订货"，不然供不应求。传承人家的墙上有一片牌子，谁家需用挂珠粒，先来通知，然后主人将牌子翻过来，表示已有人订多少挂珠粒了……

往往先是电话："还有挂珠粒吗？"

作坊主人（往往是项目传承人）："有的。要多少？"

对方会告诉要多少多少。

也有大量批发的。装挂珠粒往往用袋子或盒子。

袋子，往往是大户办事，或婚礼、葬礼，这就要多，所以必须成袋成袋地要；而一般的人家，或小孩、老人、游客们品尝，作坊会给人们备好一个个方形小盒，放进去，往往是一盒几张不等，十分方便。这在如今朝鲜族生活中特别是祝寿，就有如汉族的生日蛋糕一样，普遍得到人们的喜爱。

传承人蔺松林是长白县十三道沟金华乡人，她做挂珠粒的手艺是和母亲学来的，从小就会。母亲金淑福今年已八十七岁了，如今还是天天指导女儿做挂珠粒，她是家庭中的第三代传人。如今，挂珠粒已成了朝鲜族生活中不可缺少的食品。

第三章 糖作坊的生产过程

一、主要人员

糖作坊主要人员有以下一些。

一是掌柜，即"东家"，是指这个制糖作坊产权的拥有者。

从前糖作坊多是一家一户自己开办，所以户主也就是东家，也被称为"糖坊主"。

二是大糖匠。大糖匠主要指"案子活"技术的指导人。他要精通全部制糖过程的每一个细节，平时掌柜的不在跟前，一切由他说了算。他可以对"东家"提出要谁，不要谁，权力很大。掌柜不在，大糖匠全权代他负责。糖作坊东家掌柜的有时也得听他的话。因他在下边具体领人干活，如果他不和掌柜的一条心，就会领人偷懒，吃多少亏掌柜的也发觉不了。

三是二糖匠。和大糖匠比，二糖匠主要是干些力气活，管理院子里的原料，收工后收拾作坊，归拢材料什么的。他的权力也不小，是仅次于大糖匠的人物，往往比大糖匠年轻一些，有时大糖匠、二糖匠是很好的哥们儿才行。

四是炉匠。炉匠主要是管炉眼。糖作坊要熬糖，所以有炉。炉匠负责各种加热的炉灶，如用煤、火度、工具什么的，特别是炉灶的搭拆、改装、大小，都要由他来设计，提出各类方案。

五是端锅的。端锅的就是倒锅的，或说"起锅坊"工序的活。这道工序很复杂，主要是要调节案子温度。

六是拔楦的。拔楦是重要的技术活儿，拔不好就不好使，也指糖没揉到份儿。拔楦的和揉糖的其实是一道工序的人物，在糖作坊中是属于卖苦力的，但也有极强的技术性。要懂得"糖性"，会使手劲儿。

七是案子师傅。这案子师傅就是各种技术性的制糖手艺人。在糖作坊里，有各种案子师傅，他们往往挣大钱，因每人有一手拿手的"绝技"，也叫"绝活儿"。这是维持他们生存的手艺。各种产品由各种案子师傅负责，每人有每人的产品和名牌。

八是外柜。他是对外销售的主要负责人。

当然，糖作坊也和别的作坊一样，要有"账房""管家"等人物，职能和其他的企业买卖是一样的，这里就不详细介绍了。

制糖业的技术性很强，从前制糖业往往是一家一业的祖传手艺。大路的糖产品已没什么保密可言，但是如果是很奇特的品种，如"冰糖""小人酥""皮糖""冰淇淋""可可软糖"等一类的名牌，则是一些糖匠经过自己或几代人的努力所发明并比较保密的一种作坊技术，所以故事也相当传奇。在糖作坊做苦力的一般小工被人统称为"糖匠"，是这种作坊的最基本人员。

二、生产过程

（一）配料

糖作坊生产过程首先要进行配料。配料是指糖在熬制之前先把各种原料备齐，如植物、矿物、水、滑石粉等东西都要准备好，同时要详细地检查作坊，炉眼、锅具是否干净，是否跑风及阳光度等，以备在固定的时节开工。这一切都属配料或备料阶段。

（二）熬糖

接下来是熬糖。所有的糖在制作之前都要经过"熬"，这主要是使晶体或块体的糖液体化，除去内中的水分，使其变成糖膏。一开始熬时的糖是红色或酱色的，往往需要熬到 158～160 摄氏度左右，糖里的水分已被熬干，这时就要观察糖的糖度。

这种观察和实验是技艺活。

老糖匠往往用一根棍将糖从锅里挑起，然后猛地一拔，糖丝变成白色，这说明到火候了，熬好了；如果糖的颜色还是不变，说明没熬到份儿。

熬糖十分讲究火度。

火度指火的强度。从前熬糖使用的都是硬木柈子，后来有了煤，可也要选用好煤或焦子煤，这样火硬，温度上得快。不然熬糖的时间长了会"皮实"，变成了"老"糖，水分一时半会儿"拔"不出来，就不便使用了。

熬时，老糖匠往往还得会嗅味儿。

当熬到一定时辰时，糖锅里的糖不再起小泡泡，而且发出一种酸甜的香味儿，这时候糖就熬好了。这时老糖匠会喊："撤火！"

立刻有小打，把炉灶里的炭火端出来，然后"起锅"。

（三）起锅

熬好糖就开始"起锅"。

起锅，就是把锅里的糖膏从锅中舀出来，倒在冷却板上。

糖作坊的冷却板是两层。

上面是平平的案板，板下面是空槽，有小打从一头不停地往空槽里倒凉水，使案板的温度降下来，使案上的糖膏温度也降下来以便操作。

起锅后的糖稀像水一样流在案子上，要由专人管理，码平、不起包，厚薄均匀。这时起锅的人不停地在案子周围跑来跑去，换水倒水，使滚烫的糖膏温度快速降下来。

当糖作坊案子上的糖膏冷却到 80 摄氏度左右时，就开始揉糖了。

（四）揉糖

揉糖时的温度必须掌握在 80 摄氏度。

高了，人下不去手，烫人；低了，糖已冷却，拿不成各种型了。

揉糖从前是力气活儿，初来乍到的糖匠一定要先干揉糖的活儿。

一锅糖好几十斤，甚至上百斤，要由小打撒上滑石粉，然后双手拼命在案子上揉，有时还得用双脚踩。

这时，糖匠需要在有限的时间里揉好糖，糖匠们一个个拼命地忙，没空吃饭、喝水。湿毛巾搭在脖子上，时不时地擦汗，不能让汗珠子滴进糖里。

揉好后，这道工序的糖匠喊："开案——!"

（五）开案

揉好后开案，就是指做糖的开始具体操作了，俗称"案子活儿"。案子活儿又分好多种，但不管哪种，都先由"拔楦"的糖匠给你"挑糖"。

挑糖拔楦是累活。

这人双手一手拿一个棍，往案子上的糖膏里一插，然后提起来时，上面贴上了厚厚的一块糖膏。这时这人要不停地双手抡着来回抻、拉，使糖膏不断地由红变作白，而且柔软适度，便于捏拿，然后他喊："接着!"这叫"拔楦"。另一个人，主要是做糖的糖匠，立刻接住，开始了下一道工序。

（六）做糖人

这时糖匠从拔楦的人手里接过糖膏，要立刻把双手插进滑石粉里，然后揪着一块糖膏，在手里揉来揉去，团来团去，然后用"吹管"插进糖膏里，一边吹气，双手一边不停地修捏着，什么糖人啊，糖马呀，就都出来啦。

然后他把这些"产品"一个一个地插在案板的"摆眼"上，案子摆满了，有小打把板车子推出去上街。

（七）做糖球

糖匠从拔楦人手里接过揉好的糖膏，瞅准了糖球模子，猛地往里一摔，然后就搓。

那种“搓板”有一个一个糖球那么大的眼，糖膏一进去，一搓一动，糖膏就变成一个一个的球，然后运到那边挂砂，是把糖球放进砂糖面子里，在上面沾上一层砂糖。这样又好看又好吃，又好拿，不沾手。

如果是彩色糖球，就要“挂道”。

挂道，就是往糖球上涂绘彩色的道道，主要有绿、红、白、黄、粉色等。这是事先弄好的食品色素，有专人往上画，这就是彩糖球。

（八）做块糖

制块糖和制糖球差不多，也是靠模子。

糖匠从拔楦人手里拿过糖膏，往一种长条的“压板”上一按，那压板上是一个个的小格子，多大的格子就出多大的糖块。

值得注意的是，压板要会使手劲，如果要长条的就少放糖膏，如果要方块的就多放糖膏。压得厚薄也全靠手劲儿。

需要彩色糖块，和糖球一样，送到下个工序去画道。

（九）做螺丝糖

如果作坊要出螺丝糖，就先把糖膏弄成一个球，然后放到中间带螺旋的一个模子里，那模子中间是一个沟，等按好了，再一磕，螺丝糖就落在案子上。

三、规俗

每个作坊其实都有自己不同的生存经历和故事，这是很重要的作坊文化，也是这个作坊的规俗。

比如关于糖，相传从前，南方有个穷人家姑娘，乳名叫巧巧。因她家一贫如洗，父母抚养不起，忍痛把她卖给粮行老板李逢源做丫头。一转眼巧巧已十六岁了，长得十分标致，有人说她是仙女下凡。李逢源是个老色鬼，硬逼她做他的九姨太。巧巧生性倔强，死不相从，深夜里跑到龙眼树下上吊了。

正好，有个小伙子叫卢大亮，在糖作坊里做完夜工回家，见到路边龙眼树上吊个女人，急忙救下，借着月光一看，才知道是巧巧。大亮好不容易把她救醒过来，又设法帮她出逃。

天已四更，那个老色鬼翻来覆去睡不着，就起来去缠巧巧，这才发现她逃走了，连忙叫家丁打起灯笼，四处寻找。巧巧和大亮躲避不及，被捉拿回去。

李逢源一口咬定大亮要拐走巧巧，恨死了他，把他打得皮开肉绽，关入一间黑乎乎的牢房里，不给吃喝，要把他活活折磨死。巧巧明白大亮是替她受罪，哭得她泪水汪汪，一心想解救大亮。老板知道巧巧是朵有刺的花，拿她没办法，就准备过些日子，送给县老爷为妾。

一天，巧巧悄悄弄来了鸡蛋和砂糖，想用罐子煎煮好了给大亮送去，好让他补补身子。可是，她一时心慌意乱，砂糖熬成了浆，才想起放鸡蛋。这时，窗外忽然晃过老板李逢源的身影，她只好把罐子藏在蔗禾堆里。等到夜里，巧巧见四下无人，就取出罐子，要给大亮送去。这时她发现罐子里的砂糖已结成白玉般的冰块了，香甜扑鼻，像冰一样晶莹好看，她乐得跳起来，撬出冰糖，走到牢房的小窗下，扔了进去。这样一连几天，大亮吃了这稀奇的补品，身子很快就复原了。他心里深深地感激巧巧。

七天过后，李逢源叫人打开牢门，想给大亮收尸，倒给吓呆了。他不但没死，反而满面红光。狡猾的老板知道事有蹊跷，二话不说，又锁上牢门，躲在角落里偷看动静。

这天晚上，巧巧又向牢房的小窗里扔东西，李逢源突然钻出来了，东西落在他的手里。老板见是一块白玉模样的东西，闻一闻，清香醉人，尝一尝，透心蜜甜。这真是罕见的珍品啊！老板不但没有发怒，还满脸堆笑，问巧巧这东西是怎么做的。巧巧灵机一动，故意说得十分神秘："哎哟，这是仙女托梦，教我做的。常吃这东西，会长生不老呢！"

老板一听心里乐开了花，央求巧巧给他多做一些，巧巧连连摇手说不行。老板急红了脸，哄着巧巧："你若能做出这宝贝东西，你要啥给啥，尽管说来！"巧巧说："放出大亮，允许婚配；三天过后，送你宝贝。"老板只好满口应允。

巧巧和大亮双双回家后，举行了婚礼，并把制冰糖的方法传授给乡亲们，两人便逃到外地谋生去了。李逢源知道后，气得连连吐鲜血。

为了纪念巧巧，许多人至今还称冰糖为"丫头糖"呢。

林成彬先生采集的这个美丽的传说讲述了冰糖的来历，更是说出了糖作坊人的憨厚和朴实。

作坊里的人员一般都是下层的劳动者，他们往往是极普通的人物，所以一个个心地善良，而且乐于救人，心灵是美的。

所以当一个外人来到糖作坊，糖匠们往往先给你一块"丫头糖"尝尝，以表明这一行对发明这种糖的"先祖"的尊敬和纪念。

在糖作坊，往往还有一种规矩，小徒弟一定要尊师爱师。因为每一品种的出现都是师傅或前辈用心血汗水甚至生命换来的。每天早上，小打必须早早地来到作坊，把炉子点上，烧好，把炉子的烟先排出去，水烧热了，等人家大糖匠、二糖匠师傅来。

作坊里往往不是一个炉子，而是一排。每一个炉子都要弄好。而且，案子旁边还有一排炭火炉，是糖匠"烤糖"用的炉子，这个炉子和那一排大炉子对称，也要点着、烧好。

这时师傅来了。

徒弟要恭恭敬敬地喊："师傅早！"

人家点点头，说："化糖！"

徒弟要立刻动手开始化。所有的料要头一天晚上备好备齐。一个糖袋子一百多斤，徒弟不能让师傅上手，要自己干。

每当糖出来了，要先弄好，递给师傅说："师傅！你先尝尝。"

徒弟不能先吃。至于偷糖，哪怕一块，那是没有的事。

从前糖作坊的人不偷糖。这主要因为每天和糖打交道，糖已见得多了。再说，糖吃多了会龋着的。而且糖作坊的人忌打赌。

据说从前有一个糖作坊，有两个糖匠打赌，一个说："我能吃一斤糖块！"

一个说："我能吃一铁锹糖面子！"

于是二人较上劲儿啦。后来大伙一起哄，那人吃了一铁锹板子糖面子，从此龋得再也不会说话了。在糖作坊里有一句话：吹牛打赌不算能耐，有本事自己干。

糖作坊讲究实在，不许说"过头话"，这是他们这一行人的一种品质。而且，谁发明的什么品牌就用谁的名字命名，就像冰糖一样，俗称"丫头糖"，其实是纪念巧巧的聪明善良和贤惠。

四、常用术语

熬糖——制糖的头一道工序。

糖膏——熬好后的糖。

糖匠——人们对制糖人的称呼。

皮实——指糖"老"了，火候大了。

端锅的——专管熬糖看火的人。

凉槽子——作坊里的冷却板。

揉糖——作坊里的第四道工序，干这活的又叫"揉匠"。

案子活儿——制糖的重要工序。

拔楦——把糖膏搅开。

吹管——做糖人的工具。

摆眼——插糖人的工具。

挂砂——给糖球贴砂糖。

挂道——给糖上颜色。

压板——一种制糖的模子。

搓板——一种制糖的工具。

第四章
糖作坊的故事
和传说

一、王三冰糖葫芦

无论是冰天雪地的寒冬，还是骄阳似火的盛夏，人们都会在东北的街头看见一种有趣的吃食，那长长的竹棍儿上，串着一个个的红果，红果上有一层晶莹的"冰凌"在闪闪发亮，长的有一米多长，短的有一巴掌长，人们特别爱吃，尤其是孩子们，一见了这种食物，就争先恐后地去买。这就是北方特有的小吃冰糖葫芦。

提起冰糖葫芦，还有一个有趣的故事。相传，糖葫芦是从前宫廷里的一味药。

据说在南宋绍熙年间，宋光宗最宠爱的黄贵妃病了，她面黄肌瘦，不思茶饭，御医用了许多贵重药品，可就是不见效。这下子可急坏了皇上，于是他就命人张榜诏示，说谁能治好贵妃的病，便赐给高官厚禄。

这一天，有一个叫王三的民间郎中揭了榜，被官兵带进宫来。

宋光宗一看，此人是个穿戴平凡的山野郎中，半信半疑地问道："你能治好贵妃娘娘的病吗？"

郎中说："试试看吧。"

宋光宗说："试试看不行。治不好，朕可要以欺君治罪！你先说说你的办法！"

郎中说："娘娘的病，是久坐宫中，饮食不畅，我只需将棠球子（山楂）和红糖放在一起来煎熬，然后每顿饭前吃上 5 ~ 10 个，半月后病定会好。"

宋光宗一听，立刻吩咐郎中制药，同时将郎中看管起来，以防他逃掉。

说也奇怪，黄贵妃自从服了这种"药"，十几天后果然好了。

后来，这又酸又甜的蘸山楂就传到了民间，成为今天的冰糖葫芦。

长春一带，盛产山楂，而且用熬好的糖一蘸，又脆又甜，真是好吃极了。

特别是冬季，在白雪飘飘的季节，吃上一串儿糖葫芦，观赏北方的冰封雪野，人会有一种说不出来的情趣。东北最出名的是王三冰糖葫芦，王三是东北榆树县人，他从小跟爷爷和父亲开糖作坊，是糖匠，学着制作糖葫芦，并一点点地占领了东北市场。如今在这儿他已形成了自己的作坊，人称"王三糖葫芦"。就像沈阳"老高太太糖葫芦"，来东北不吃王三糖葫芦，那简直就是没来过东北一样。

二、灶王与灶糖（之一）

每年夏历的十二月二十三是祭灶的日子。

在东北地区西部的金县一带，祭灶这一天，人们从灶后的墙上，将那张布满灰尘的旧灶王像揭下烧掉，再将新买来的一张灶王像贴在原来的地方，有的人家还在灶王像的两旁贴上一副"上天言好事，下界降吉祥"的对联，另加一个"一家之主"的横批。这一天家家户户都要吃面条。有些穷苦的人家虽然吃不上白面的，但也要想法吃个杂面的面条。也就在这一天（也只有在这一天），那位被称为"一家之主"的灶王爷才能享受到这一年一度的麻糖的供奉。也就在这一天，人们还会讲起那个"灶王老爷本姓张，一年一块封嘴糖"的故事。

传说在很久以前，在一个地方，住着一户姓张的中等人家。他们一家四口，除老夫妇以外，还有儿子、媳妇。儿子名叫张郎，娶妻名叫马香。张老夫妇非常疼爱儿子、儿媳，张郎夫妻也十分恩爱，马香又很孝顺公婆。因此，一家人小日子过得很是美满。谁知后来张郎怎么也不愿在家种地了，一心一意要出外做买卖。张老夫妇和马香虽然都不愿他出去，也曾多方加以劝阻，但张郎执意不听。他们无法，就只好让他去了。

自从张郎走后，家中的生活担子差不多就由马香一人挑起来了。公婆都已年迈，干不得重活，马香不得不风里雨里，坡里地里地拼命干，就这样，才使一家三口总算没有饿着。张郎一去五年了，没有一点音信回来。张老夫妇由于思儿心切，双双病倒了。马香虽百般设法延医诊治，但总不见效。不久，公婆便先后去世了。马香典东卖西地殡葬了公婆，生活更困难了。

张郎一去十年了，但仍没有一点音信回来。这几年来偏又遇着连年的荒旱，因此，马香的日子就更艰难了。家里的东西已差不多变卖光，唯有那头她多年喂养的老牛和那辆破车她怎么也不舍得卖。试想，一个女人家，上坡种地，如果没有了那头老牛和那辆破车，不是就更没办法了吗！越是在这样的情况下，马香越是思念张郎。那真是行走着也想，坐下来也想，吃饭时也想，睡梦里也想。

马香由地里回到家中，已是漆黑漆黑的了，劳累了一天，她觉着浑身酸疼得难受。她连饭也没吃就一头歪倒炕上，迷迷糊糊地睡着了。

马香正在炕上躺着，忽见一个高大的汉子走了进来。那人头发蓬松着，衣服也很破烂。马香不由得一惊！心想，这是谁啊？她起身朝那人仔细一看，啊呀！原来那人正是张郎。马香见张郎回来了，真是又惊又喜，又高兴又难过，就一下子扑到张郎怀中"呜呜"地哭了起来。张郎也哭了，他说："马香啊，我真对不住爹娘，也对不住你。我出去这么多年，不但一个钱没挣着，反而叫你在家受了许多苦处，爹娘也因想念我早早去世了。我真没脸见你了。"马香见张郎哭得那样伤心，便强忍住眼泪安慰他说："相公啊，过去的事就甭提了，只要你平安地回来就好。"

马香正在静静地听着张郎诉说他在外头的一些遭遇，忽然一阵

"喔喔"的雄鸡啼声将她吵醒。她起身一看，屋里哪有什么张郎？这空荡荡的房中，仍只是她孤单一人。她长长地叹了一口气说："唉，又是一个梦！"她又仔细听了听，那雄鸡才刚叫头遍，离天明还早，便又歪身躺下，但怎么也睡不着了。她翻过来覆过去地回忆梦中的情景，一直到大天亮。

几个月以后的一天，张郎真的回来了。但是，这时的张郎已不是过去的那个张郎了，他现在是一个大富商了。

马香见盼星星盼月亮盼了十年的丈夫回来了，真是喜出望外。她立即张罗着为张郎烧火、做饭。可是，张郎进得门来，连正眼也没看马香一眼。他在屋里、院子里巡视了一遍以后，就将一纸休书扔给了马香，说："我给你一头老牛、一辆破车，你赶快给我走吧！"

马香一见休书，真好像晴天里打了一个霹雳！她真没想到日盼夜盼，一直盼了十年多才盼回来的丈夫会来这一手。她惊呆了！半天才说："张郎，你这是真的吗？"

"难道我还和你闹着玩？"张郎恶狠狠地说。

"我哪一点对不住你？你为什么要将我赶走？"马香理直气壮地质问张郎。

张郎本就理屈，这一下子叫马香问住了，他支吾了半天，才找出这样一句话说："我愿意将你赶走，就将你赶走！"

"难道你一点也不念及从前的恩爱了吗？"

"什么恩爱不恩爱，少啰唆，快给我滚！"张郎绝情地说了这样一句，就抬脚走开了。

马香看出任凭再说什么也不会有用了，于是就收拾了自己的衣衫，牵出那头她喂养多年的老牛，套上那辆破车，她爬上车去坐下，老牛就拉着她走了。

可是，她走到哪里去呢？回娘家吗？爹娘早已去世，兄嫂能收留她这个被人休弃的女子吗？投亲戚吗？也不行！难道能在亲戚家里住一辈子？她左想右想没个去处，就把心一横，想道：任凭老牛拉着我走吧，它拉我到哪里就算哪里吧。

老牛拉着马香走啊，走啊，从天明走到了天黑，又从天黑走到了天明。也不知走了多远，也不知走到了什么地方。马香看看老牛仍没有住下的意思，就对老牛说："老牛啊！你要拉我到哪里去？我们走到什么时候是个头啊？你还是拉我到一家人家去吧！不过，可有一件，你若拉我到富豪人家去，我就磨把钢刀杀了你；你若是拉我到一家贫苦人家去，我用剪子铰草也喂着你。"老牛听罢，点了点头，就又拉着马香向前走了。

老牛拉着马香进了一座大山，在山里东转西转，直到天黑，才在一户左不靠庄、右不靠村的人家门前停了下来，原来，这是一个糖作坊。

马香说："老牛啊，你就拉我到这里吗？"老牛点点头。

马香又说："我怎么好意思进人家屋里去呢？"老牛见马香如此说，即扬起脖颈"哞哞"叫了起来。不大一会儿，只听"吱呀"一声门响，从那户人家院里走出一个面貌慈祥的老婆婆来。

那老婆婆上前来问马香说："哪里来的客人啊？"

马香答道："老大娘，我是走迷了路的。"

老婆婆闻听，就善意地责备道："啊呀！你怎么就一个人走路？"

又道："快下来，在这里住下歇歇，明日叫我那儿子送你出去吧！你一个人是找不到路的。"

马香见那老婆婆面貌慈祥、心地和善，就随那老婆婆进了屋里。经过叙谈以后，知那老婆婆只娘儿两个。儿子虽已近三十了，但尚未娶妻。这时他上山打柴去了，还未回来。

晚间，那老婆婆的儿子从外面买甜菜回来，马香见那人面貌忠厚，心地也很善良，就将自己的遭遇，对他们母子依实说了。他们母子对马香的遭遇非常同情。老婆婆见马香心地也好，人品也好，就收她做了儿媳妇。

再说那张郎，第一天休弃了马香，第二天就正式娶进了他从外面带回来的一个妓女海棠。人们对张郎的那种行为非常不满，于是有人就编了一首歌："张郎，张郎，心地不良，前门休了马香，后门娶进海棠。无义之人，好景难长。"

也许是事有凑巧吧，张郎果然被人们说中了。他娶了海棠尚不到一年，家中遭了一场大火，财产全部烧光了，海棠也被烧死了。张郎虽从烈火中逃出了性命，但两眼已被火烧得差不多完全失明了。他无以为生，只得出外讨饭。

一天，马香正在院中剪草喂牛，忽见一个要饭的来到她家门上。她就拿了一只碗，盛了满满一碗吃剩的面条给那要饭的吃。那要饭的狼吞虎咽的，只三口两口就将那碗面条吃光了，然后对马香说：

"大娘再给一碗吧！"马香就又盛了一碗给他。他又三口两口地将那碗面条吃完，说："大娘行行好，再给一碗吃吧！我在这山里走迷了路，已两三天没捞着一点东西吃了。"

马香听那要饭的说话的口音非常耳熟，心中不免有些怀疑。她上前去仔细一看，原来这要饭的正是张郎。马香一见张郎真是又气又恨！她本想好好地奚落他一顿，但看到他那个狼狈样子又有点可怜他，就一声没响地又回到屋去给张郎盛饭。马香一边盛饭一边想道："张郎啊张郎，你也会有今天，但我总不能像你那样黑心肠啊！"又想，"我既然给他饭吃了，就索性大大帮帮他吧！谁叫我从前和他夫妻一场呢？"想到这里她就从头上拔下一支簪子和一个荷叶首饰扔在碗里。心想，他吃面时一定会吃出来，那就可以换些钱用了。

张郎接过马香盛来的第三碗饭，又大口吃起来。在第三口上就吃到了那荷叶首饰。但由于他的眼已被火烧得不大管用了，误以为那是一片豆叶，伸手从碗里抓起那个荷叶首饰扔到地上说："一片豆叶！"他吃到最后，又吃到了那支簪子，他抓出那支簪子向地上扔，说："一根豆楂！"

马香在一旁看到张郎的举动，真是既气不得，也笑不得，又不知该说什么好。她正在沉思的时候，忽听张郎说："大娘再行行好，再给一碗吃吧！"马香这时不由得慨叹一声，顺口说道："哎哟哟，我那张郎，见了你前妻叫开了大娘。好了，正好糖刚熬好，给你几块吃吧！"

张郎万没想到这个给他饭吃的"大娘"，正是他所休弃的马香。

他被这意外的相逢窘住了，停了半天方才断断续续地说："你你……你是……马香?"

马香说："是的，我正是被你休弃的马香!"

张郎一听，真是羞愧难当，无地自容，就一头钻进了锅底下，怎么也不出来了。后来，就憋死在里面了。

张郎死了以后，据说玉皇大帝因为张郎和自己同姓的缘故（玉皇大帝也姓张，所以人们都称他张玉皇），就稀里糊涂地封他做了一名灶王。又因为张郎死的那一天正是夏历的十二月二十三，所以就定那一天为灶王节。

张郎这位灶王，虽是玉皇大帝亲口所封，人们却很看不起他。不过，人们又恐他在玉皇大帝面前搬弄是非，所以也不敢怎样怠慢他，只得按时按节给他上供。到后来，有人想出了一个主意说："张郎是吃了马香的几块麻糖以后羞死的，今后每逢这一天，还给他几块麻糖吃不就是啦?"人们都同意这个办法，于是自那以后，就再不给灶王另外上供，只在每年夏历十二月二十三日这一天，给他几块麻糖吃。

灶王对人们的这种举动是很不满意的。但他感到自己的所作所为确实不够光彩，因此，也不便去理论。于是，他只好鼓着气吃下那几块麻糖。自那以后，"灶王老爷本姓张，一年几块芝麻糖"的歌谣就传开了。

三、灶王与灶糖（之二）

不知是哪朝哪代，皇上派个大臣到河北大平原当州官。大臣在京里享乐惯了，不愿意去。皇上就对他说："这个州土地肥，你去了以后，怕比在我手下还要享福。你上任以后，可以这样办——"大臣听了皇上的话，就欢欢喜喜地上任去了。

他到任以后，就到处贴了告示。告示说，从他上任三天以后起，每家要请他吃一天上等酒席。

州官已计算好，这州里有几万家，就要美美吃上几万天；吃完以后，再出告示再吃下去……

三天过了，他就去吃了。开头，他一个人去吃，后来，计算着不合适，就把他的夫人、下属连他的鸡狗都带去吃。

州官整整吃了一年。他吃得又白又胖。老百姓被吃得叫苦连天。特别是穷人家，自己还吃不饱呢，哪管得起州官一天的酒席？有的把女儿卖掉，给州官办酒席吃了；有的把仅有的一点产业卖掉，给州官办酒席吃了……老百姓都咬牙含泪地说："州官不是咱们的'父母官'，他是吃人肉、喝人血、嚼人骨头来的。"这话传来传去，传到一个偏僻的村子，传到张大巴掌耳朵里。

张大巴掌夫妻俩过日子：媳妇织布纺线，丈夫种地打柴。丈夫生得膀宽腰粗，力气特别大，巴掌又大又宽——因此，人们都管他叫张大巴掌。他一手拔树如拔葱，他巴掌一挥能把高墙打个秃平。他把州官的事打听清楚以后，就杀了一口猪，放进锅里，加上作料，让媳妇烧火炖肉，他就去找州官。

见到州官，张大巴掌说："州官大人，你看我的长相，像有本领的不像？"

"哎呀——你这样出奇的巨人，我还头一回见过呢！你的本领准小不了！"

"对啦。我能上天抓凤，入海擒龙。听说州官大人挺爱吃好东西的，我特地擒了龙凤，炖了一大锅，虽还没轮到去我家吃，就请州官大人先去吃吧！"

州官一听，这哪能不去？立刻带着他的夫人、下属、鸡和狗，就跟张大巴掌去了。一进张大巴掌的门口，州官他们边抽嗒鼻子边喊："好香啊！好香啊！"鸡馋得直拍翅膀，狗馋得直耷拉舌头。他们一齐进屋来，一看张大巴掌媳妇还在灶门烧火，"龙凤肉"还没熟。州官怒了，刚要质问张大巴掌为什么不熟就把他请来。这时，张大巴掌让媳妇闪在一边，他把门一关，卷袖子，扬巴掌，指着州官说："这回你们算跑不了啦！你们把老百姓吃得好苦哇！这回让你们尝尝我的巴掌吧！"

张大巴掌狠狠抡巴掌就要打，媳妇忙拦住说："你别把他们尸首都打碎了！就把他们打在灶旁的墙上吧！他们生前爱吃老百姓，死后就让他们永远站在灶旁，瞪眼看着老百姓吃东西吧！"

"好！"

张大巴掌扬起巴掌，只使了一点点劲，"叭——"把州官、州官夫人、下司、鸡、狗一齐打在灶边的墙上了。大伙知道这事以后，纷纷跑来看，大伙拍手称快。有人提议，说："州官他们生前爱到家家户户去吃，不如请个画匠把他们画下来，贴在每家灶旁的墙上，让他们瞪眼看着家家户户做好东西、吃好东西吧！"大伙听了很赞成，就这样办了。

可是，这事让皇上知道了。他很生气，却又不敢找张大巴掌问罪。怎么办呢？他就写了假告示贴出去。告示上说，州官两口子生前是皇上的"御膳厨子"，侍候皇上有功，死后封他两口子为灶王爷、灶王奶奶，家家户户都要把他们画成灶王像，贴在灶旁墙上，以流芳千古。

从那时起，关于灶王爷的传说就有了两样：一样是说，灶王爷是被张大巴掌打在墙上的州官；一样是说，灶王爷是皇上的"御膳厨子"，死后受了"皇封"。但不管是啥，过年了，给几块糖吃吧。从此，家家过小年时，都给灶王几块糖，叫灶糖。

四、灶王与灶糖（之三）

传说，玉皇大帝有一个女儿私自下凡，教人们学会了打灶、做饭、喂猪等。后来她回到天上，玉帝说她犯了仙规，就罚她住在凡人的灶上，封她当了灶神菩萨。每一个月回一次娘家，一年回去十二次。

这年腊月二十三，她正要回天上去，突然看到一个小媳妇把没吃完的小米倒在潲水桶里了。回到天上，她向玉帝说了这件事。玉帝听了就派五雷大将捉拿小媳妇。灶神听说要捉拿小媳妇，心中不安起来，当晚就托梦给小媳妇，要她快把小米捞起来吃了，不然要遭五雷轰顶而死。小媳妇从梦中吓醒了，赶快起来把小米捞起来吃了。

五雷大将下凡后，在所有的潲水桶里都捞遍了，结果什么也没有找到。他回去向玉帝说，灶神菩萨扯谎了。玉帝心想：她上次偷偷跑到凡间，这回又在我面前扯谎，太不像话了！玉帝忍着气对灶神菩萨说："从今以后，你每年腊月二十三才回来一次，其余时间再不准回来了。"

所以，现在灶神菩萨就只能在腊月二十三才回去一次了。临行前，各家各户都好好款待她，特别要给她灶糖吃，免得她回天上说主人家的坏话。

五、灶王与灶糖（之四）

过去，长江两岸的人民习惯于腊月廿四烧香纸、摆糖果、"过小年"，说是送灶神爷和灶神娘娘上天。提起这灶神爷和灶神娘娘，中国民间至今还流传着一个有趣的故事。

相传很早以前，有个李家山上住着一个名叫李回心的人，他家是方圆数里数一数二的富户。他十八岁的时候和一个农民的女儿王慧敏结了婚。那女子长得虽说不上如花似玉，倒也有几分光彩，人也聪明贤惠，和丈夫生活得还算和睦。

恰在这村上有个嘴馋多事的媒婆子，她有一个侄女，名叫照平，生来好吃懒做，嫌贫爱富。媒婆子早就答应给她找个坐享其福的大户家儿，可总没有个门儿，为这事，媒婆子急得好似打慌了的夜猫子两头跑。这天，她从李家过，眼珠子几转，心里有了鬼主意。只见她打扮得活像个妖精撞进李家，阴阳怪气地对李回心说："逗人喜欢的李公子呀！像你这样的富贵人，怎么只娶一个老婆呢？依我看，你应该多说几个夫人，才不误你那黄金似的岁月！"

李回心说："一个老婆也就可以了。"

"可以什么呀！常言道'妻子如衣服'，多了也可以换洗吧！你若有心，我愿做大媒，保你再喝一遍喜酒，马到成功。"末后，媒婆子又在李回心的耳边咕哝了一阵。

李回心毕竟是一个花花公子，经不住媒婆子的花言巧语，答应娶照平做小老婆。可是过门不久，照平就起了嫉妒心，逼着李回心把王慧敏休了。

慧敏伤心地走了，不知翻了几座山，也不知过了多少河，来到一处比较平坦的地方住下来，用她那勤劳的双手开荒种植五谷，生活逐渐好起来。后来那个地方又来了许多遭难的人，慧敏帮他们安居乐业，慢慢建起了一个大村庄。大家推选慧敏做了他们的头领。

俗话说"一日夫妻百日恩"。慧敏尽管日子过得不错，但却时常挂念他那离别的丈夫李回心："他现在怎么样呢？说不定会受那照平的作践呢！……"

果不出慧敏所料，李回心自把王慧敏休了以后，终日和照平吃喝玩乐，不几年，把家里的储蓄拿出来用了，家当器具也换了饭吃，最后把房屋田产也卖了。照平见李家油水干了，改嫁给了别人。李回心没法，只好沿门乞讨。

在一个北风呼呼、大雪纷飞的冬天，李回心跟跟跄跄地走进个村子里，由于饥寒交迫，卧倒在一家门前。随着狗叫声，屋里走出来一个丫鬟，只见一个浑身落满雪花、衣衫褴褛的人，心里早明白了八九分，同情地把他搀扶到厨房里，灌了温开水，烤干了他的衣服，待他恢复正常后，又让他饱食了一餐饭。李回心受到这样的恩赐，十分感激，问丫鬟："你家主人是谁?"

丫鬟道："我家主人是这儿的头领，她寡居无亲，心地善良，惜老怜贫。"

正说着，丫鬟喊道："主人来了!"李回心从窗口向外一看，原来是他四年前抛弃的王慧敏，顿时又悔又愧，自觉无地可容，脸无处放，长鸣一声："我的贤妻啦，我对不起你呀! 我愿……"哭声未尽，趁丫鬟没注意，一头钻进火焰熊熊的灶膛里，待夫人赶到，把他从灶膛里扯出时，他已被烧死了。慧敏见此情景，悲愤交加，不久也死了。

这事七传八传传到了玉皇大帝那里，玉皇大帝认为李回心敢认错，封他为"灶神爷"；认为王慧敏聪明贤惠，封她为"灶神娘娘"。吩咐他们暗中监督人们的行为，在每年腊月廿四日上天过年的时候，汇报人间一年的善恶情况。

凑巧，李家山上的那个媒婆子有天夜里不知被什么把嘴封住了，早上起来一看，竟满嘴高粱糖，动动不得，说说不得，人们说这是她平日挑拨离间，拆了别人的婚姻，灶神爷和灶神娘娘对她的惩罚。

人们于是用高粱糖祭灶，好让灶神们用以惩办恶人。至今，三峡一带的人还保持着腊月廿四日过"小年"的风俗习惯，据说这是提前和灶神爷、灶神娘娘团年，好让他们早些上天呢。

六、灶王奶奶与灶糖

传说玉皇大帝的小闺女贤惠善良，十分同情天下穷人，她偷偷地爱上了一个给财主家烧火帮灶的穷小伙。玉皇得知后，非常恼怒，就把小闺女打到凡间，让她跟着穷烧火的受罪。王母娘娘疼爱自己的女儿，从中多方讲情，玉皇才勉勉强强给穷烧火的小伙封了个灶王爷的职位。穷烧火的小伙当了灶王爷，玉皇的小闺女自然就成了灶王奶奶。

灶王奶奶深知人间的疾苦，就常常以回娘家探亲为名，从天宫里带些好吃好喝的分给天下穷人。玉皇本来就嫌弃女婿贫穷，察觉此事后十分恼火，就下令规定她在每年年底才能回天宫一次。眼看快过年了，可百姓们还是穷得缺这少那的，有的人家里穷得炕上没席铺，有的人屋里穷得连锅也揭不开。灶王奶奶看在眼里，疼在心上，夏历腊月二十三这天，她决定回娘家去一趟，一则看看王母娘娘，二则给乡亲们弄点吃的回来。她是这样想的，可揭开面缸一看，自己家里米完了面没了，路上吃啥呢？乡亲们知道后，便想方设法给灶王奶奶烙了些馍，好让她带在路上吃。她回到天宫后，向玉皇讲了人间的疾苦。玉皇不但不听，反而嫌女儿带回来一身穷灰，要她当晚就回去。灶王奶奶是个刚强硬性子，当即气得就要走。可又一想，两手空空，回去咋向众乡亲交代呀！这时，只见王母娘娘走过来说情，灶王奶奶便顺势说道："不走了，明天我要扎把扫帚带回去，扫除穷灰哩！"

腊月二十四这天，灶王奶奶正在扎扫帚，玉皇催她明日就回去，她说："催啥哩，快要过年了，我还没件新衣裳，明天我要扯布做新衣。"

腊月二十五这天，灶王奶奶扯下布正在缝新衣，玉皇催她明日就回去，她说："催啥哩，家里没肉吃，明天我要去割肉哩！

腊月二十六这天，灶王奶奶刚割肉回来，玉皇又来催她明日就回去，她说："催啥哩，过年啦，我明天还要磨豆腐哩！"

腊月二十七这天，灶王奶奶正在磨豆腐，玉皇又来催她明日就回去，她说："催啥哩，回去路上要带干粮哩，明日我还要蒸馍哩！"

腊月二十八这天，灶王奶奶蒸了八锅馍，玉皇又来催她明日就回去，她说："催啥哩，我一年到头连盅酒都喝不上，明日我还要去灌酒哩！"

腊月二十九这天，灶王奶奶灌酒刚回来，玉皇又来催她明日就回去，她说："催啥哩，过年呀，我还没包饺子哩！"

腊月三十日这天，灶王奶奶正在包饺子，玉皇一见大动肝火，要她今晚必须连夜赶回去。这时候，灶王奶奶的东西已经准备齐全了，依依不舍地告别了王母娘娘，天黑时才离开了天宫。这天夜里，家家户户、老人孩子都没睡，有的坐在炕上，有的围在火炉旁，坐夜守岁，等待灶王奶奶把好吃的东西带回来。五更时分，人们见灶王奶奶回来了，都点起香纸，点燃灯笼火堆，放起爆竹，迎接灶王奶奶。人们为了纪念灶王奶奶的恩德，年年腊月二十三熬糖祭灶，二十四扫尘，二十五缝新衣，二十六去割肉，二十七磨豆腐，二十八蒸年馍，二十九去灌酒，年三十包饺子。这些习俗，千百年来一直沿袭到今日。

七、祭灶为什么供糖瓜

河北省枣强民间，流传着祭灶供糖瓜的传说故事。

过去，家家户户的锅台旁边都供着一个"灶王爷"，据说这是老天爷派下界，到各家各户管吃喝的。灶王爷每年夏历腊月二十三日回天宫，向老天爷报告人间的事情。开头，人们对他挺敬重，有什么好吃的先叫他吃，有什么好喝的先叫他喝。可是灶王爷又馋又懒，整天胡吃闷睡，对人们的吃喝冷暖从来不过问。有一年腊月，灶王爷回到天上，见了老天爷，磕了头，行了礼。老天爷就问了："人们吃饭省俭不省俭？"灶王爷一听蒙了，不知道说什么好了，就捕风捉影瞎编。他忽然想起人家打浆子粘鞋底的事，就添油加醋地说："唉，老天爷啊，你可不知道，世人拿着粮食不当回事，费着呢！他们经常拿白面熬成糊糊踩在脚下，一点也不珍惜。"老天爷也是个听风就是雨的，听完灶王爷的话，登时火冒三丈，高喉咙大嗓门地喊道："这还了得，小民们竟敢如此作践粮食，真是无法无天！明年一定要先旱后涝，叫他们一点收成也没有，看他们还敢脚踩白面糊糊不！"

第二年，真的成了大灾年！闹得老百姓缺吃少穿，逃荒没处逃，要饭没处要，饿死的人太多了。后来，太白金星泄露了天机，老百姓这才知道是灶王爷告了谎状，个个恨得牙根痛。大伙就想法惩治灶王爷。打那时起，人们谁也不给灶王爷烧香上供了，都把灶王爷死死钉在墙上，动也不能动。锅里不管做什么好吃的，只能看见，不能吃到嘴里，馋死他了。烟熏得他呛鼻子蜇眼睛，灶王板上的灰土一指厚也没人扫。这一年夏历腊月二十三到了，灶王爷照例要上天见老天爷。人们想，怠慢了他一年，到天上还不定怎么编排呢。人们商量好，用糖稀糊住灶王爷的嘴。于是趁腊月二十三送灶王上天的机会，家家户户熬糖稀做糖瓜儿来上供。灶王爷嘴馋，一见糖瓜很稀罕，一个接一个地往嘴里塞。糖一化可了不得，把个灶王爷上牙紧粘下牙，上嘴唇紧贴下嘴唇，搞得他有嘴也不能说话了。灶王爷到了天上，一句话也没对老天爷说，第二年就又丰收了。打那以后，人们都用这一招，每逢腊月二十三祭灶，就都供糖瓜。这风俗一直传了下来。祭灶时人们嘴里还念叨：

年年腊月二十三，

灶王老爷去上天。

没有什么好供献，

吃个糖瓜把嘴粘。

八、糖瓜、年糕祭灶的来历

每年夏历腊月二十三，家家户户用糖瓜给灶王爷上供；要是买不到糖瓜，就用年糕代替。人们常这样说："二十三，糖瓜粘。"所以，这一天吃糖瓜、蒸年糕，已成了祭灶的风俗。这风俗是怎么来的呢？河北省保定市曲阳县一带流传着一个有趣的故事。

相传，姜太公奉旨封神的时候，把张奎封了灶王爷，让人们在锅台上供着他。让他保佑家家人财兴旺，过好光景。并定为每年腊月二十三晚上，让他到天庭去见玉皇大帝报告一年来人间的情况。可是，张奎这个灶王爷专看人间的缺点，处处找毛病。他第一回上天就对玉帝说了些这家不对、那家不好，这家浪费了多少谷子，那家发霉了几担麦子，等等。玉帝听了很生气，第二年就没有给下雨，庄稼都旱死了。

这年腊月二十三，他又上天对玉帝说："赵家用肉包子喂狗；李家用大米喂鸡；刘家炖了一锅肉，说是有了坏味，都倒在粪坑里了……"还说什么"今年降雨晚，大秋没有收成，人们都埋怨您，有人还骂您哪！"

玉帝本来就有几分气了，一听人们还骂他，急忙问："骂我什么?"

"张三媳妇说：'老天爷呀，你可把我们害苦了！这颗粒不收，叫我们怎么活哟！'张三说：'你喊叫什么，老天爷管什么用，吃饭穿衣还得靠自己拼命干。'"

玉帝问："老天爷是指我吗？"

"是。人们都管你叫老天爷。"

玉帝想：嗯，也对，因为我是管天上的嘛。

玉帝又问："人们还说些什么？"

"还有人骂你不长眼，不干活的享清福，累死累活的倒受穷，太不公平了。"

"那你为什么不照顾照顾穷户呢？"

"他们根本不把我当回事，什么事也不对我说，我怎么照顾呢？"

玉帝很生气地说："这些人真不懂规矩。你是灶王爷，是一家之主，有事应该先找你，有好吃的也该先让你吃嘛！"

张奎说："吃好吃赖我倒不在乎；有个大事小情的应先对我说说，不然叫我怎么保护他们！"他看到玉帝生了气，就火上浇油地说，"对我这样也就算了，怎么也不该骂玉帝呀！"

"让他们骂吧。今年不是旱了吗，明年多下雨，叫他满街、满院、满地都是水！"

张奎忙问："那不就涝了吗？""就得这么治治他们，他们才知道离开我活不了。"张奎说："也是，也是。"

他们这些话都叫菩萨娘娘听见了。原来菩萨娘娘有事来找玉帝，走到殿前，听见张奎正和玉帝说话，本想等会儿再进去，一听玉帝说到要下大雨整治人们，她急忙走进殿说："玉帝在上，容我禀告。"

"你有何事，说吧！"

"刚才我走到门口，听见您说今年要把更多的雨水洒在人间，让它成为涝年。这可不行啊!"

玉帝问:"怎么不行?""今年干旱,庄稼颗粒不收,穷人已饿死不少;明年再涝,那得死多少人啊!"

"依你之见呢?"

"依我看,为了拯救人们的苦难,明年应当是风调雨顺,让人们得个大丰收,过上好日子,这样人们会感谢您的。我想玉帝不会忘记,前年得了大丰收,玉皇庙上人们还为您请了两台大戏呢。小孩们还唱着歌谣说:'老天爷,真英明,下透了雨,好收成,家家过上了好光景;蒸包子、摊煎饼,先给玉皇上大供。'"

玉帝一听,也是,于是说:"你说得有道理,就按你说的办。可他们对张奎也太不尊重了……"

菩萨忙说:"这事包在我身上,我定叫家家尊重他。"又对张奎说,"灶王,我定帮你这个忙,可我也要劝告你几句,今后要多体谅人们的苦楚,多替人们排忧解难;对人间的事,应该是有好说好,有坏说坏。"张奎不好意思地说:"是,谢谢菩萨帮忙。"玉帝听了,高兴地点了点头。

第二年,果然风调雨顺。正当人们忙着给那绿油油的禾苗松土除草的时候,菩萨来到了人间。那一天,张三媳妇给在地里干活的张三去送饭,路上碰到一个讨饭的老太婆,一手挎着个破篮子,手拉着个打狗棍,一步一晃地走着,两眼直勾勾地盯着张三媳妇拎着的饭罐。

媳妇停下来说:"老人家,你饿了吧?来,我给你倒上一碗!"

老太婆赶紧拿出碗来接，媳妇给她倒了满满的一碗，她一口气喝了个光；媳妇又给她倒了一碗，还从竹篮里拿出一个菜饼子说："给你吃吧，吃完了好赶路。天这么热，饿着怎么行呢？"

老太婆感动地说："不要了。你是给干活的人送的，他们还没有吃，我倒先吃了。""不要紧的，这是给我丈夫送的，我做得多。就是做得不多，碰上你也得叫你喝碗粥啊！"

老太婆瞅着她问："你丈夫叫什么名字？"

"叫张三。"噢，没有弄错，她就是灶王说的那个张三媳妇，心慈面善，好人哪！老太婆想到这里说："我问你句话，你家供着灶王爷没有？"

媳妇不解地说："供着呀。我们这里家家都供着灶王爷。怎么啦？"

"不怎么。我是想告诉你，在灶王爷面前多上供，有了难事就求他，他是一家之主嘛。到了腊月二十三晚上，给他换上新衣裳，求他'上天言好事，下界降吉祥'。还有，你们得想个办法，让他上天后不说你们的不是，这可是最主要的。想出办法，要告诉家家户户照办。"

媳妇正要问她是从哪来的，这话是听谁说的，一眨眼老太婆不见了。正在四周寻找，只听头上说："谢谢你的好心，我吃饱了。"媳妇抬头一看，老太婆在空中飘然而去。媳妇心想：好奇怪呀，莫非是遇上神仙了？

她把这事告诉了张三。张三不信，说她瞎说，"你们娘儿们就是神神道道的。"媳妇心里放不下，越琢磨越纳闷，叫丈夫这么一说，也不知该不该告诉乡亲们。

到了傍晚，她在回来的路上又碰到了那个老太婆。老太婆对她说："你千万别忘了我对你说的话。腊月二十三晚上要想法不让灶王爷上天说你们的坏话，大伙的日子就好过了。"

媳妇急忙问："你是谁？"

"我是菩萨娘娘，专为告诉你们这事来的。"

媳妇"啊"了一声醒过来了，才知道是做了个梦。她推醒丈夫，又把这话对他说了。张三说："我也做了个梦，也梦见个老太婆对我说：'我把重要事情告诉你妻子了。你们要不想办法，大伙都要吃大亏的。'我正要问她什么重要事情，你把我推醒了。"两口子一说道，觉得这是菩萨保佑。

菩萨说的那几件事，别的都能办到，只是怎么使灶王爷到了天上不乱说，这可是个难事啦！两口子想啊想啊，媳妇说："有了，咱们打勺儿浆糊，剪个纸儿，把嘴给他粘上不就结啦。"张三说："不行，不行。那样做他会更恨咱们；再说，到了天上，老天爷一看封了他的嘴，那可就惹了大祸了。"

"你说该怎么办呢？"

"我在想，既让他欢欢喜喜地上天，又让他说不出话来。你看让他吃年糕怎么样？蒸得黏黏的，不就把嘴粘上了吗？"

媳妇说："好是好，那不如叫他吃糖瓜。那东西又好吃，又粘嘴，他吃得越多粘得越紧。"

"那咱两样儿都上，反正都是黏的。"

"好！"两口子高兴地笑起来。一看窗外，天亮了。他们赶紧起来，把这事告诉了街坊四邻。就这样越传越多，很快大家都知道了。从此，每年一进腊月，家家都买上一张印好的灶王爷和灶王奶奶，到了二十三晚上，揭下旧的（和纸一块烧掉），换上新的，上头和两边还用红纸写上对联，右边是"上天言好事"，左边是"下界降吉祥"，上头的横批是"一家之主"，以表示对他的尊敬。接着摆好糖瓜和年糕，劝灶王爷多吃。然后烧纸点香，跪下祷告，说些让他高兴的奉承话："灶王爷，你辛苦一年了。今天到了天上，好话多说，不是别提。保佑我们五谷丰收，人畜健壮……"说完磕上三个头，算是把灶王爷送上天去了。

从那以后，年年如此。传说，从那以后，再也听不到灶王爷上天后说人们的坏话了。直到现在，农村家家户户，到了夏历腊月二十三晚上，还用糖瓜和年糕祭灶王呢。

九、雪衣豆沙

一团洁白的蛋清，裹着红红的甜甜的豆沙，炸熟如头大小，圆圆地码放在盘中，再撒一层白糖——这是一道甜美的菜，是妇女和孩子们非常爱吃的菜，也是大小宴席上常见的菜，这道菜叫雪衣豆沙，它还有一个喜庆的名字，叫"妈妈，祝您长寿"。

雪衣豆沙不仅色泽清净亮丽，造型朴素大方，酥、软、甜、香，口味宜人，而且还有一个美丽的故事。

从前，有一位妈妈，她有三个女儿。但丈夫不幸过早地离开了人世，撇下她一个人，孤苦伶仃地支撑这个家。她起早贪黑下田干活，省吃俭用，一口水一口饭地抚养三个女儿。

三个女儿生得巧，她们一个比一个大两岁，却都是生在九月初九重阳节这一天。俗话说，儿的生日，娘的苦日，但三姐妹年龄小，不懂事，只知九月初九过生日时，早晨吃妈妈给煮的热鸡蛋，晌午吃妈妈做的手擀面，兴高采烈。

日子一天天过去，三个女儿一天天长大，大女儿有了婆家，选个好日子出嫁了。

出嫁的女儿懂事了，九月初九这一天，拉着女婿抱着一只大红公鸡跑回娘家，进了门，跪下给妈磕头：

"妈妈，儿的生日，娘的苦日，妈妈您辛苦啦！给妈买只大公鸡，大吉大利。"

这一天，一家人高高兴兴炖鸡吃。

不久，二女儿有了婆家，选个好日子，出嫁了。

出嫁的女儿懂事了，九月初九这一天，大姐、二姐领着女婿双双回娘家，大姐夫手里拎一只大红公鸡，二姐夫手里拎一条大红鲤鱼。进了门，两个女儿跪下给妈磕头：

"妈妈，儿的生日，娘的苦日，妈妈您辛苦啦。给妈买只大公鸡，大吉大利；给妈买条大鲤鱼，吉庆有余！"

这一天，一家人高高兴兴，炖鸡吃，炖鱼吃，全家人还喝了点酒，个个脸上红扑扑。

日子过得真快，转眼三女儿也有了婆家，选个好日子，出嫁了。

出嫁的女儿懂事了，九月初九这一天，三个女儿都领着女婿回娘家了。大姐夫手里照旧拎着大红公鸡，二姐夫手里拎的还是大红鲤鱼。三姐的女婿手里却拎了个食盒，不知里面装的啥。三姐嫁了个小镇上开饭馆的，大姐夫二姐夫逗小姨子：

"装的啥好吃的，是山珍？"

"装的啥好吃的，是海味？"

小姨子调皮地冲两个姐夫一撇嘴："不告诉你，馋死你！"

三姐妹说说笑笑回到家，进了门，齐刷刷跪下给妈磕头：

大姐说："妈妈，儿的生日，娘的苦日，妈妈您辛苦啦！给妈买只大公鸡，大吉大利。"

二姐说："给妈买条大鲤鱼，吉庆有余！"

轮到三姐了，小女儿在地上跪行几步，来到妈妈跟前，趴在妈的腿上哭起来，哭得好伤心，肩膀一抖一抖的，小脸上的眼泪成双成对的。

大家吃一惊，这是怎么啦？

"好闺女，有话说，咱不哭。"

三姐抽抽泣泣说："妈，姐姐，还记得咱爹去世那年春节吗？"

一听这话，已是满头白发的妈妈和大姐、二姐都垂下头，用衣角擦眼泪。

三个姑爷傻了，忙问："快别哭，咋回事？"

她们忆起了二十多年前，大年三十那风雪交加的夜晚。

　　三姐妹的爹爹去世那年，正赶上天大旱。地里庄稼干巴巴，不长粒，只能当柴烧。天灾人祸，使母女四人陷入了饥寒交迫之中。进了腊月，家中早已断粮。到了年根底下，母女四人，只能靠水煮干野菜度日。大年三十这天，大风大雪。大雪在"呼呼"的北风中，把天地搅个混混沌沌。混沌中，一阵风吹来，夹着财主家烀猪肉的香味儿和孩子燃放鞭炮的欢叫声……

　　望着围着一床破被瑟缩成一团的三个女儿，妈妈心如刀割。不行，得借点面，给孩子们过个年。孩子们没了爹，再不能连顿过年的饺子都吃不上。她咬咬牙，抻了抻身上的单衣，用手拢了拢头发，对女儿们说：

　　"好好在家待着，妈去你三姨家借点面，一会儿就回来。妈不回来，你们千万别出门，记住了吗？"

　　大女儿说："妈，三姨家路那么远，天这么冷，妈别去了！"

　　"妈不冷，妈身上有雪衣，可暖和了，妈的心是红的，热着呢，不信你们摸摸……"

　　妈妈把孩子冻得冰凉的小手放在自己心窝焐了一会儿，开门走了。

　　天，渐渐黑下来，肆虐的风雪依旧号叫不停。紧抱成一团的三个小姐妹，不见妈妈回来，心里越来越怕："咱妈呢？"

　　"走，找去。"

　　三姐妹手拉手，在黑暗和寒冷的风雪中，一步步向前走，到了村口，是岔路，不知妈妈从哪条路回来，她们不敢往前走了，站在村口，抱成一团，在风雪弥漫的大年三十的黑夜里，一声一声地喊着：

"妈，妈……"

孩子们呼喊妈妈的声音在风雪的号叫中越来越小，越来越弱……

这时，已变成雪人一样的妈妈，从远处趔趔趄趄一步步艰难走来。她从三姨那里借回了二斤面。回来时，天已黑了，因急着赶路反而迷了路，她折腾了大半夜，这才摸回村来，她心里牵挂着三个女儿，此时怕已哭成泪孩。

忽然，她听到了似乎悠悠远远的熟悉的呼唤声："妈……"

她不由停住脚步，循声望去，朦朦胧胧中看到了一个雪包，那里正一声声传出令她心惊肉跳的无助的呼唤："妈……"

她急忙赶上前，扒开雪堆，看到了紧紧抱在一起的女儿："孩子！……"

"妈……"

她把女儿们搂在怀里："咋这么傻，外面多冷啊，冻坏了吧？"

大女儿、二女儿抱着妈妈哭起来，年龄最小的三女儿却抖索着冻僵的嘴唇说："妈……妈，我……也……有……雪……衣……我的心……也是红的……热的，不信，妈，你也……摸……摸……"

娘儿四个抱在一起，哭在了一起，在那个风雪弥漫的大年三十黑夜里……

"好了！"

妈妈擦干了眼泪，说："现在好了，你们都长大了，都好了。"

小女儿从妈妈腿上扬起脸，挂着泪珠儿的脸上，现出可爱的微笑：

"妈，您的恩情，我们不能忘。大姐拿来了鸡，二姐拿来了鱼，我给妈拿来了雪衣豆沙，妈妈，祝您长寿！"三女婿打开食盒，十个雪衣豆沙上，撒满了洁白的糖。

就这样，记录着妈妈的甘苦、传扬着女儿的孝心的雪衣豆沙，在民间广泛传开，特别是九月初九重阳节这一天，家家都备一道这样的菜，献给自己的妈妈，献给普天下的老人……

十、满族与灶糖

满族人对关东糖情有独钟，特别是北京的满族人，据说他们的这种习俗是从东北传到北京的，是旗人带到京城的。北京满族人喜欢吃关东糖，是一种浓浓的乡愁。关东糖是一种麦芽糖，用麦芽和米或杂粮制成，白色或带黄色。关东糖在东北的农村、城市里，大街小巷、街市上，都有小贩叫卖。北京满族作家老舍先生是经常念叨关东糖的，虽然他已经是清军入关后的第十几代人了。

老舍先生的大女儿舒济曾动情回忆，"他的生日按照阴历是小年，他说自己的生日是良辰吉日，一直觉得自己非常幸运"。谈到父亲生前是如何过生日的，舒济透露，在自己的记忆里，父亲每次过生日都非常开心，"他每年要过两次生日，一次阴历，一次阳历，阴历小年的生日家里一定要买关东糖，还要请客，把大家都请来，高高兴兴吃顿饭。立春的生日也会请朋友到家喝酒，非常热闹"。祭灶供灶糖的原因，是为了粘住灶王爷的嘴巴。传说灶王爷是玉帝派往人间监督善恶之神，他有上通下达，联络天上人间感情，传递仙境与凡间信息的职责。在他上天之时，人们供他灶糖，希望灶王爷吃过甜食，在玉帝面前多进好言，说点甜美之话。

旧时，不论贫富，只要是顶门成家过日子，就要在锅台上边的墙上，供奉灶王爷的尊像，在像的两边贴副对联——上天言好事，下界保平安。

老舍先生在自己的文章中，也提到了很多次关东糖，尤其指明这是供品。大概除了供奉灶王爷，也可以供佛。比如在新中国成立之后，他在《北京的春节》中说："在旧社会里，过年是与迷信分不开的，腊八（粥），关东糖，除夕的饺子，都须先去供佛，而后人们再享用，除夕要接神；大年初二要祭财神，吃元宝汤（馄饨），而且有的人要到财神庙去借纸元宝，抢烧头股香，正月初八给老人们顺星、祈寿，因此那时候最大的一笔浪费是买香蜡纸马的钱。"（佟明明）

十一、吉林城百姓的吃糖往事

灶糖是东北民间最早流行的"本地糖"。

中国人总是乐于迫不及待地让快乐开始。在东北，正月初一才是正日子的春节，腊八一过，就会显现出喜庆热闹的端倪。到了腊月二十三，老年间一句"糖瓜祭灶，新年来到。姑娘要花，小子要炮。老头要顶新毡帽，老婆要买裹脚条"俗谚，立刻烘托出"小年"这个重要时间节点的忙年特色，而过年狂欢的大幕自此就算正式拉开了。

在旧日的吉林城，小年这天的节仪并不简单。民间有扎秸秆小马、抓蟑螂贴"纸马鞍"等习俗，当然重中之重是在灶前祭灶。祭灶实际是一种带有戏谑意味的"贿神"——烟熏火燎一年的灶王爷、灶王奶奶，回天庭述职之际，用灶糖堵上两位神仙的嘴，让老两口嘴巴甜甜的，只言好事。老吉林人烧香磕头后用灶糖在灶门脸上抹一下，在心神之中完成了仪式上的甜蜜传递。随后把揭下来的灶王码子（画像），连同抓到的蟑螂、秸秆做的小马一同烧掉（《昔日吉林民间习俗》）。早期的吉林城，本来满族是不供奉灶王爷的，但入关后，由于满汉杂居，他们也奉起灶君来了（《吉林满族风俗》）——节仪繁简由人，只是祭灶用的灶糖却不会含糊。

长条的灶糖和浑圆的糖瓜，是东北所有民间节日中唯一的糖果祭品。甜蜜是那样诱人，很难否认关内传来的祭灶节仪，在吉林获得传承和广泛认同，不与追求灶糖的甜蜜有关。在追求甜蜜的道路上，老吉林人有太多可以追溯的往事。

吉林人接触到的最早的糖，应该是蜜糖。清代吉林城北的打牲乌拉总管衙门，每年寒露时节，会派出六百多旗人牲丁组成的采蜜大军，到山中采集野蜂蜜作为进贡皇室的贡品。此外在民国版的《永吉县志》中，甚至归纳总结了"养蜂之法""采制蜜、蜡之法"，可见蜜糖的获取，已经由采集野生资源过渡到人工饲养阶段。然而蜂蜜不仅主供皇家，而且也不算纯粹的糖。在吉林城，民间获得甜味，主要还是依靠土法熬制麦芽糖。

麦芽糖也叫糖稀，伪满洲国出版的《吉林新志》记载：先将大麦用水洗净，使生芽寸许，磨之成浓粉，拌于蒸熟之小米中，置热缸内一日，发酵后，加沸水滤之成汁，再用锅熬之成黏性红色，即成糖稀。小年食用的灶糖就是这种麦芽糖反复搅动，由红转黄，而味道亦加甜。复用有横柱之木名曰挂子，将糖坯挂其柱上，来复挽至数十周，由黄转白，再加以花色，则糖成而事毕矣（《永吉县志》）。

变白的麦芽糖，被再次拉伸、搓条，截成小段小块，就成了在吉林有名的大块糖，这种糖在上世纪八十年代，仍是校园周边小摊贩售卖的主打产品。若糖坯在水蒸气蒸腾的环境拉伸，冷却后，糖条内会有很多气孔，这样截成长条，蘸上芝麻，就是口感酥脆的灶糖了。

无独吉林城，在旧时的东北各地，都有许多生产这种麦芽糖的作坊。特别是每到冬季，都会批量生产，满足市场对糖的需求。在当时，麦芽糖多为药铺、点心铺、饽饽铺、饭馆用之（《吉林新志》）。除了满足区域性消费需求，坚硬的麦芽糖糖坯也会被贩卖到华北等地区。作为一种节日应景食品，由东北产的麦芽糖制成的灶糖在关内民间受众亦多，灶糖也因此被关内人叫作关东糖。（吴永刚）

十二、吉林九站新中国糖厂

从麦芽糖糖坊到甜菜糖工厂，这是吉林糖的古老历程。

在麦芽糖风生水起的时候，白砂糖、红糖、冰糖等也早就出现在东北的市面上。日本满史会编撰的《满洲开发四十年史》中提到：满洲对糖的需要，在过去的旧时期，中国的土产糖就可以完全满足需要，以后变为香港糖垄断市场。结合香港历史博物馆林国辉先生所撰《香港的传统制糖技术及糖厂的经营》一文，我们可知，当年东北的香港糖应该是指由香港地区兴起，替代了传统糖磨作坊，使用机械生产出的闽粤产白砂糖（蔗糖），而不是特指香港出产的白糖。

日俄战争后，日本生产的白糖开始疯狂倾销，经过一系列角逐，香港糖逐渐淡出了东北市场。而晚清开始，由于东北人口激增，以及经济发展速度的加快，糖的需求不断增加。由于不能实现规模化生产，且麦芽糖在日常生活中没有砂糖使用方便，因而吉林城乡存在了数百年的糖坊逐渐被时代边缘化。

1906年，参加日俄战争的波兰伤兵格拉吐斯从波兰引种甜菜成功。1908年11月，注册资金100万卢布，由俄国沙皇敕令批准的"阿什河精制糖股份公司"，在中东铁路附近、距离阿城火车站南500多米的地方成立。这所工厂以甜菜为原料，生产机制白糖，是东北地区第一座现代化糖厂。

自二十世纪开始，糖已经是影响民生福祉的重要物资，在吉林城，白糖已然确立了其在居民生活中的主导地位，并形成了稳定的消费习惯。然而令人痛惜的是市面上的所谓地产白糖，几乎全部为外国势力操控的工厂生产，特别是晚于西方资本在东北进行机械化糖业生产的日本资本，逐步壮大，在"九一八事变"后，日资更是全面垄断机制糖的生产，连东北最老牌的阿什河糖厂，也在1934年被日本糖商高津久左卫门收购（之前一度由美国人崔克满经营）。吉林城市面上销售的白糖也都是日资工厂制糖或者伪满洲制糖的产品。

直到新中国成立后，吉林人民才迎来了属于自己的糖业工厂。1952年，在吉林市九站地区，吉林省新中国糖厂破土动工。1955年，糖厂正式投产，日加工甜菜达3000吨，主要生产砂糖、颗粒粕、酒精等产品。其中雪山牌白砂糖、精致幼砂糖在1979年时，获得国家轻工业部优质产品称号，部分产品出口。这座工厂一直是吉林省内最大的制糖企业（《吉林市地名志》）。（吴永刚）

十三、吉林城糖果的神奇过往

从前，灶糖曾经是吉林城最为畅销的糖果。灶糖有"白杆儿""管馅儿""丝窝儿""糖瓜"等十多个品种（《百业话溯源》）。小年前，小贩肘弯挎筐，筐内木盘中按木格分装各种灶糖，他们走街串巷，打着卖糖的标志性响器——铜质小镗锣。敲几下，吆喝几声：大块灶糖嘞，稀酥嘎嘣脆……叫卖声很快就能引来孩子们的簇拥，而有些买不得糖的淘气孩子，则会跟在后面乱起哄：谁买粘牙不要钱的大块灶糖嘞（麦芽糖普遍有粘牙的口感问题）……

除了灶糖，麦芽糖还会通过拉丝、裹馅等工艺制成各式酥糖，在吉林民间也很受欢迎。毕竟在麦芽糖盛行于民间的时候，从关内贩运来的冰糖、红糖、白糖，多数时候还只是药店里的"药材"（至今吉林民间仍有冰糖败火之说），但并非没有被制成糖果。

在《昔日吉林民间习俗》中记载：吉林人也讲究喝绍兴酒，使用的酒杯比喝白酒的盅要大得多，俗讲黄酒泡子。酒杯里要先放进去酒铺垫，酒铺垫是冰糖、青梅、果脯、闽姜一类的食品……尽管在这段记载里，冰糖还只是一种特殊的副食品，但块状的冰糖确实常被家长们敲下一些小块（当时还没有多晶冰糖），当作糖果满足孩子们的口腹之欲。

其实白糖和冰糖在吉林城的糖果世界中并非没有一席之地。在《百业话溯源》中记载，自清代以来，吉林城制售冰糖葫芦也很有特色。吉林的冰糖葫芦以山楂、山里红、海棠为原料，蘸白糖或冰糖熬成的糖汁，成品糖壳晶莹剔透，如玻璃裹成，甜脆而不粘牙。此外，晚清至民国时期，利用白砂糖，吉林的糖果匠人还制作出花生糖、珍绽儿（霜衣花生）等糖果。（吴永刚）

十四、糖标文化

民国时期，由白砂糖为主料熬制的硬糖块，身披蜡纸、玻璃纸，或者干脆躲进金属、纸板制成的小盒子中，以"洋玩意儿"的身份，开始在市场上出现。其中日本殖民者带入的日式糖果对吉林城影响较大，带有印刷包装的糖一下子对传统糖果形成了"降维式"打击，带包装的糖果使得散糖（没包装）概念开始出现在百姓生活中。另外日式糖果也对后来的糖果发展起到了很大的影响，据说至今仍受孩子们喜欢的糖豆，就是由日本金平糖演变而来。

　　吉林市解放后，1952 年成立了吉林地方国营食品厂，主要产品为糖果、糕点、冷饮等。其中糖果质量优异，在国内、省内屡获殊荣。如1982 年，该厂将原来的三色水果糖的工艺和配方升级，生产的百花水果糖就荣获吉林省及商业部优质产品称号；1983 年，该厂又将大虾酥升级为可可酥糖，在此荣获吉林省和商业部优质产品称号。从这一时期开始，吉林市的糖果生产，以及糖果销售市场出现了日新月异的发展。仅从"让灶王爷嘴甜"的角度说，吉林市百姓已经有了更多的糖果选择！

　　烟酒糖茶素来是中国人欢度春节时的重要物品，这其中，糖的形态最多，意义最大，它既是副食原料，又是待客零食，抛开特殊的灶糖，小年后的忙年活动中，谁家会不买些糖果应景呢？毕竟糖所带来的甜蜜，寄托着所有中国人对新的一年最朴素的期待。（吴永刚）

十五、糖与灶神

　　每年腊月二十三，是民间祭祀灶神的日子。灶神的神位，就在灶房里的墙壁上或灶头上。千百年来，灶神一直驻守灶房，保一家人有饭吃，得到了人们的尊敬和祭拜。可如今，面对千家万户早已没有了传统灶头的新式厨房，流离失所的灶神叹息不已：没有了灶头和鄙神的画像，何处安放我的身心啊？

灶神信仰起源于祭灶习俗，而祭灶习俗则可追溯到古人的拜火习俗。

人类曾经历过一个漫长的"无火时代"，在那个时代，人与动物的区别是很小的。甚至可以说，那时的人类就是百兽中的一种。人类最初接触到的火，可能是雷电引发的森林或草场燃烧的大火，也可能是劳作中石头与石头或石头与木头间的相互碰击引出的火花。人类最初吃到的熟食，可能就是雷电引发草场或森林大火后被烤熟的野兽、虫子。火的出现和使用，是一个划时代的飞跃，使人类结束了生吞活剥、茹毛饮血的时代。从此，人们不但能享受到熟食的美味，还获得了取暖的途径，减少了因生食引发的肠胃系统疾病，增强了体质。

人类最初见到的火，可能是雷电引发的森林大火。在希腊神话中，火是普罗米修斯从天神那里取来的；在中国神话里，火是燧人氏钻木得到的。我们有理由相信，燧人氏就是远古时中国人信仰的火神。后来，火神被人格化为祝融、火德真君等。从古至今，各地民间建有很多火神庙。比如在北京什刹海旁，至今仍保存着一座始建于唐朝的火神庙，供奉火德真君，是明清时皇家祭祀火神的地方。火给人类带来了无限好处，同时也给人类带来了巨大的威胁，人们对火以及掌管火的火神充满感恩之心、敬畏之心和崇拜之情，是理所当然的。

随着熟食的普及，随着火塘、灶台的出现，人们对能将生肉和粮食烧煮成熟食的火塘或灶台倍加重视。当人们将对火的崇拜和对灶台的崇拜结合在一起时，灶神信仰便应运而生了。

灶神的职责，最初是执掌灶火，管理饮食。后来，人们又赋予了他考察人间善恶以降福祸的职能。由于灶神掌管着饮食和察善恶、降祸福的职能，所以老百姓对他是充满了爱戴和敬畏的。

在不同时代和不同地区，灶神或灶君夫妇是由不同的人来充当的，同时伴有当地流传的民间传说故事作为佐证。家家都有灶台或灶房，所以旧时几乎家家都设有"灶王爷"神位，神位中间供上灶王爷的神像。没有灶王龛的人家，则将神像直接贴在墙上，还有将神像直接贴在灶壁上的。有的神像只画灶王爷一人，有的则画男女两人，女的被称为"灶王奶奶"。这大概是模仿人间夫妇的形象，当然也可以理解为是体现了"以人为本"的民众心理。

祭灶的日期，各朝和各地不一。民俗专家说：在古代，祭灶的时间有"官三、民四、船五"的传统。也就是说，官家在腊月二十三祭灶，老百姓在腊月二十四祭灶，而水上人家则是腊月二十五祭灶。在南宋以前，我国的政治中心都在北方，受官方影响，整个北方地区祭灶时间多为腊月二十三。相反，南方远离政治中心，祭灶时间多为腊月二十四。而鄱阳湖等沿湖的居民，则保留了船家的传统，在腊月二十五祭灶。后来，各地逐渐把时间固定在腊月二十三日，少数地区为腊月二十四日。这一天，也就成了传统的祭灶、送灶节日。

古人习惯把祭灶这一天称为"小年"，应该是相对几天后的春节这个"大年"而言的。千百年来，小年祭灶，成为华夏各地、大江南北共同的习俗。

灶神，又称灶王、灶君、灶王爷、灶公灶母、东厨司命等。在粮食短缺、物质财富匮乏的远古时期，人类的第一需求是吃或吃饱。所以，那时管理饮食的灶神可谓生逢其时，一直受到人们的高度重视，成为人们重要的膜拜对象和精神寄托。在中国的民间诸神中，灶神的资格是非常老的。早在夏代，他已经是人们所尊奉的一位大神了，被当作家庭的保护神而受到人们的崇拜和祭祀。

灶神保佑我们有饭吃，我们自然也要酬谢他、祭拜他。《论语》里有这样的话："与其媚于奥，宁媚于灶。"意思是说，与其献媚于奥神（统管全家事务的主神），不如献媚于灶神。毕竟奥神管的事情没有那么具体迫切，而灶神就在我们身边，管着我们的吃喝，是我们每天都离不了的。

先秦时期，祭灶位列"五祀"之一。五祀，指祭祀灶、门、行、户、中雷（即土神）五个神灵。"五祀"的说法不一，但始终都包括灶神在内。当时，祭灶要用丰盛的酒食作为祭品，要陈列鼎俎，等等。以后历朝历代，人们都会在农历腊月二十三（或二十四）日夜灶王爷上天的时候祭拜他。

古人都是怎么祭祀灶神的呢？总体说来，是怀着敬畏之心和爱戴之情，供上酒肉等好吃好喝的，祭拜和酬谢灶神。相传，汉宣帝时，有一个叫阴子方的，腊月某天做饭时见到了灶神现形。他家里穷，只有一只黄羊，但基于对灶神的爱戴和敬畏，他杀了黄羊做祭品来祭祀灶神。后来，阴子方家得到灶神保佑，逐渐富裕起来。从此，民众相信，只要虔诚信奉和祭拜灶神便会有回报。所以，后来人们祭灶时，多用黄羊做祭品，以示诚敬。鲁迅先生在《庚子送灶即事》一诗中曾写道："只鸡胶牙糖，典衣供瓣香。家中无长物，岂独少黄羊。"

《荆楚岁时记》记载南北朝时的祭灶习俗时说："其日，并以豚酒祭灶神。"豚，就是猪。言下之意，那一天要用猪肉和美酒做祭品祭祀灶神。

宋代诗人范成大的《祭灶词》，对当时或此前民间用盛大的仪式和丰富的食物祭灶的情况作了生动的描写："古传腊月二十四，灶君朝天欲言事。云车风马小留连，家有杯盘丰典祀。猪头烂热双鱼鲜，豆沙甘松米饵圆。男儿酌献女儿避，酹酒烧钱灶君喜。婢子斗争君莫闻，猫犬触秽君莫嗔。送君醉饱登天门，杓长杓短勿复云，乞取利市归来分。"

灶神在享受了千百年受人尊敬和爱戴的日子后，在宋代财神信仰异军突起后，境遇就开始处于下行状态。早先还用黄羊、豚酒等牲醴祭品隆重祭拜灶神，到后来祭品逐渐减少，甚至发展为干脆就用酒将灶神灌醉，或者用糖把灶神嘴巴粘上。宋代以降，灶神在一定程度上还成了人们开玩笑的对象。宋代孟元老在《东京梦华录》中记载：宋时祀灶，以酒糟抹灶门，谓之"醉司命"。目的之一是请灶神品味美酒，目的之二是让灶神微醺后在玉帝面前多说好话。

明代以后，许多地方祭灶时取消了刀头，改用素食做祭品。与此同时，祭灶时用"糖瓜"糊在灶神嘴上的习俗流行开来。糖瓜是一种黏性很强的麦芽糖，有的地方将其做成元宝状，称为"祭灶糖元宝"。民谣唱的"二十三，糖瓜粘，灶君老爷要上天"说的便是这个。用糖瓜粘到灶神嘴上的用意有二：一是让灶神的牙齿和嘴巴被粘住，在玉帝面前没法说坏话；二是让灶神上天后多说些好话，毕竟吃人家嘴软，人们相信灶神也是明白这个道理的。

明清时期灶神在人们心目中的地位虽然下降了，但总体来说，除了有玩笑的态度外，人们对灶神依然保留着虔诚之心和感谢之情。以苏州为例，过去送灶最重要的除了"糖元宝"外，还有另外一些供品，如纸马、竹轿、灶帘、灶锭等。祭祀完毕，就将灶神的纸马"扶进"轿里，连同灶帘、灶锭等一起送到门外焚化。

在河南民间，有"祭灶不祭灶，全家都来到"的俗谚。祭灶之日，凡在外的人都要赶回。在豫东等地，认了干亲的干儿、干女们，要携带灶糖、烧饼、鞭炮、香表和一只大公鸡来参加干爹干娘家的祭灶仪式，表示自己已是干爹干娘家的正式成员。灶神之位多设在厨房的后墙上，灶神像多为朱仙镇木版印制的年画。

在福州，以前，在厨房内面向灶的方向设有灶公坑。祭灶这天，灶公坑也要打扮一番。将香炉放在中间，两旁点上一对红蜡烛。烛台的旁边，一边摆上一个花瓶，一边摆上福橘。摆花瓶，祈求平平安安，而摆福橘，则祈求吉祥如意。在灶公坑的下方，桌上摆着供品。灶糖、灶饼也是用麦芽糖做成的。

随着时代的发展，人们对灶神原有的敬畏态度确实在不断降低。特别是进入现当代，随着城市化的快速推进，几乎所有的城镇已见不到传统的灶台，乡村的传统灶台也越来越少，灶神的影响日渐减弱，如今快要淡出人们的视野了。即使在还保留着部分传统灶台的乡村，也少有人信仰和祭拜灶神了。

新中国成立后的前三十年，受破除迷信的影响，灶神几乎退出了历史舞台。改革开放后，城市化进程的快速推进，厨房结构和燃料的巨大变革，也挤压了灶神的生存空间。如今，灶神不但渐渐退出了人们的视线，也渐渐退出了人们的脑海。

我们都知道：世界上本来没有神，信的人多了，自然便有了神。神是人创造的，神的地位、职能和境遇，折射出的是人们的心理和需求。同样，神的地位和境遇的变化，也折射出了人们心理和需求的变化。

人类最初的、最重要的需求，当然是要有吃的，最好是能吃饱。看到食物从灶台上生产出来，人们当然会看重灶台，并且希望灶台背后能有一个神灵，可以保佑我们得到更多的和更美味的食物。灶神由此应运而生，被人们塑造出来，成为一个非常重要的居家神。他先是掌管着人间的饮食大权，接着又掌管了祸福大权，所以人们自然而然对其产生敬畏心理和依赖心理。人们相信，灶神上天述职后，玉帝随后是要来人间巡视的，如果发现人们有浪费粮食或偷窃等不好的行为，玉帝会给予挨饿等惩罚的。对于希望衣食有着落、平安过日子的百姓人家来说，自然会对职权不小的灶神产生敬畏之心，因而也就会在祭灶时产生"媚灶""谢灶""贿灶"的心理与行为，以达到让灶神"上天言好事，下界保平安"的功利目的。但是街头的灶糖依然在卖。

根据美国著名社会心理学家马斯洛的需求层次理论，人类的需求从低到高大致分为五个层次，第一层次，是食物等生理方面的需求。灶神管理的饮食，比较明确的是满足人类第一层次的最基本的需求。这是否也成为该大神在社会发展到一定阶段之后，人们对其信仰必然衰落的一个重要原因呢？毕竟，它能满足人们的需求虽然极其重要，但只是处于第一需求层次的生理需求；不像财神，他的馈赠可以满足人们多个层次的需求。

不过别忘了，曾经属于灶神管辖范围的饮食安全和用火安全，永远都是每个家庭甚至全社会的头等大事。今天，不管你记不记得灶神，不管你信不信仰灶神，在灶神已然失去安身之所的情况下，我们在心里给他留一个位置也是应该而且必要的。（李鉴踪）

十六、东北大块糖

在东北，孩子想过年，是因为能吃几块大块糖，那是一个甜甜的记忆。在上世纪六七十年代，孩子们都特别盼望过年，在小年前后能够吃到大块糖，就是孩子们过年时种种期盼中的一种。我和母亲去赶年集，看见挑着箱子的小贩边走边大声吆喝："大块糖，大块糖啦，又甜又脆又好吃的大块糖啦！"这时母亲就要买上一点，我吃几块，其余的带回去给姐妹们尝尝。

大块糖是用大麦芽、黄米、小米或者大米熬制而成的糖制品，乳白色的大块糖，一般有三寸长，一寸宽，扁平。还有一种扁圆形，形状像瓜，叫糖瓜，味道都是一样的。

有的大块糖有馅，有的没有馅，断面有蜂窝状的小孔。新做成的大块糖，咬一口又酥又脆，有甜甜的、香香的、黏黏的感觉，是一种特殊的风味。男女老少都很喜欢吃。

大块糖，又叫关东糖，灶糖，也叫麦芽糖，是古老的传统名点。它既是年节食品，又是祭祀食品。

过去东北的农村，过小年这天有一项重要的活动，就是送灶爷上天。各家都很重视，要设摆香案，摆上馒头、水果、菜品和大块糖，点燃香烛，嘴里还念叨着"灶王爷上天多言好事，下界保全家平安"，还要用火把糖瓜烤化，抹在灶王爷画像的嘴上，让他多说好话，别说坏话。事先还要用秫秸扎一匹马、一挂车。等仪式结束后连同贴了一年的灶王爷一起烧了，送灶王爷上天，这就是祭灶。

这个习俗，早在三千多年前的商代就有了，一直流传下来。

制作大块糖的地方叫糖坊，主要设备有铁锅、大缸和案板三大件。别看糖坊设备简陋，但制糖的过程挺复杂。

制作大块糖，首先是配料。主要原料有大麦芽、小米、稗子米、黄米或大米等。配好料之后，就用清水淘洗干净。接下来就是熬糖，熬糖一定要掌握好火候，火候掌握不好，就变成"老糖"，吃着不脆，或者干脆拔不出糖来。熬制出的糖叫糖膏，也叫"糖稀"，温度可达100多摄氏度。糖匠用棍从锅里将糖挑起，糖丝不断，又呈白色透明状。糖锅里也不再起白色小泡泡，这时糖匠大喊一声"撤火！"马上忙着起锅，将锅里的糖膏舀出来，放在案子上或者容器里进行冷却，待到糖膏热度下降，不十分烫手了，便可以揉糖了。

揉糖就是将糖膏放在案子上，反复揉搓，这活儿不仅是力气活，还要讲究技巧。太热了下不去手，太凉了揉不动，所以揉糖要一气呵成，不能休息。

糖膏揉搓好之后，师傅便高声喊道"开案！"这是行话，就是所说的"拔楦"，俗话叫"拔糖"。拔糖时，两人对面，一个人抻着一个糖头用力抻，抻到一定的长度，两股往起一合，接着抻拉，如此反复多次，糖膏越拔越细。最后要拔出蜂窝状，放到案子上，有的包上炒熟的黄豆面馅，压成一般大的块型，大块糖就做成了。然后拿到室外冷冻。做大块糖的方法，历史悠久，在一千多年前的《齐民要术》里就有记载。

在二十世纪五六十年代，我有两个家族叔叔，就在家乡开过糖坊，是制作大块糖的高手，很有名气。

小时候，我家有个邻居，他家有个六七岁的小男孩儿，特别喜欢吃大块糖，总缠着家里人给买，后来家里人就骗他说："国民党特务在大块糖里下了毒，不知在哪块里，吃了就可能中毒。"这个小孩信以为真，就不再缠着家里人要大块糖吃了。

现在每到冬季，就有小贩吆喝着卖大块糖，每年我也都买几块尝尝，但已没有过去吃大块糖时那种感觉和快乐了，觉得没有儿时那么好吃。过小年时也没有人举行祭灶仪式了，但儿时有关大块糖的往事却令人难忘。（朱乃波）

十七、糖灯影

今天的人们可能都听说了，在陕西五套年文化专题片演播室与艺人由改茹老师和主持人牛婧（婧读 jìng，意思是有才，牛有才）一起说的糖画糖人文化，简直使人惊奇无比。

清代大年初一的成都街头，所有的商铺都关门停业，关门闭户，街上只有小本经营的人卖凉粉、花炮、响簧、小灯、大头和尚、戏脸壳、灯影、糖饼、花生、升官图、纸牌、骰子之类。而售小儿女之钱，应该就是专门冲着孩子刚得的压岁钱去的。

其中卖糖饼就点糖画最受孩子们欢迎，这是清代的《成都通览》上的记载。

这个工艺是古老的艺术，瞬间艺术，用勺子、铲子、红白砂糖熬糖浇铸，熬到可以牵丝的时候，在石板铁板上倒糖画（温度变化），具有镂空或者浮雕效果，镂空更如皮影般晶莹透亮，更显好看。也叫倒糖画、倒糖饼儿、糖灯影儿、糖蛋糕，但人们以为糖灯影最形象，最有趣。

这种街头游走流浪艺术，四川重庆的庙会公园、街头最盛，还可以做立体糖画。还有说起源于明代糖丞相，写《隋唐演义》的清人褚人获在《坚瓠补集》中记载，明俗每新祀神，"熔就糖"，印铸成各种动物及人物作为祀品，所铸人物"袍笏轩昂"，俨然文臣武将，故时戏称为"糖丞相"。

又传说是陈子昂喜欢吃糖，黄糖蔗糖，陪太子哄太子玩，做成

糖 画

糖铜钱。皇上很高兴，于是便开口叫糖饼儿。

　　熬糖用铜锅加水，糖液体起泡为好，色黄一些，使温度火候趁热凝固，无底稿而胸有成竹，借鉴戏曲皮影雕刻、浮雕镂底方法。蔡树全是四川的民间工艺美术大师，成都重庆糖画获国家非遗，糖料加工，传赶考书生卖糖画，筹集盘缠，考中，黄糖胜黄金，用糖写黄金万两，真是奇妙透了。

　　砂糖四川最早，唐代从印度进贡传来，吹糖人也叫捏糖人、吹灯泡，祖师爷是刘伯温。传说他隐姓埋名，四处游走，并摆摊子度日，过得不错，专卖麦芽糖、饴糖，河南滑县糖人之乡，吹到宫廷去了，后来宋徽宗喜欢上了，于是流传下来。（王智）

一、糖匠制糖

（一）糖匠工具

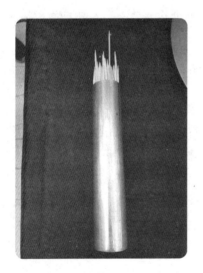

糖　签

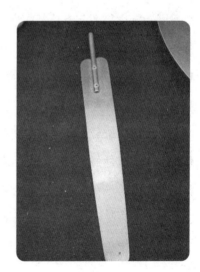

糖　刮

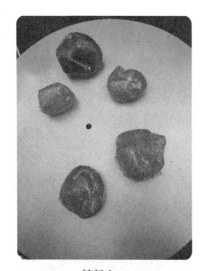

糖料之一

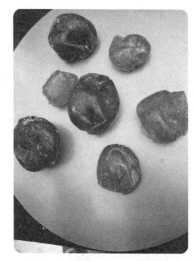

糖料之二

糖锅之一

糖锅之二

（二）化糖

化糖之一

化糖之二

（三）作画

糖匠作画之一

糖匠作画之二

糖匠作画之三

糖匠作画之四

糖匠作画之五

糖匠作画之六

糖匠作画之七

糖匠作画之八

糖匠作画之九

（四）插糖画

插糖画之一

插糖画之二

插糖画之三

插糖画之四

二、糖画作品

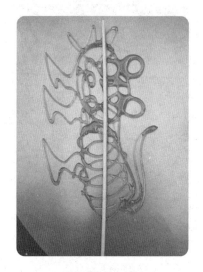

糖画作品·虎

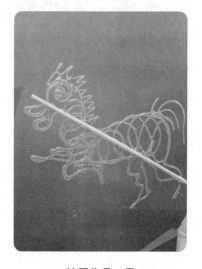

糖画作品·马

糖画作品·牛

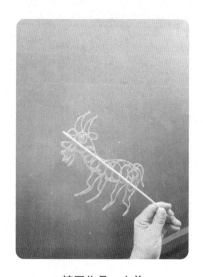

糖画作品·山羊

糖画作品·蛇

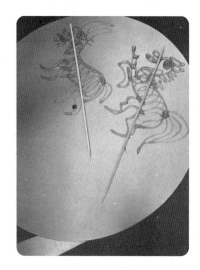

糖画作品·山羊 马

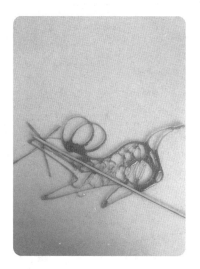

糖画作品·老鼠

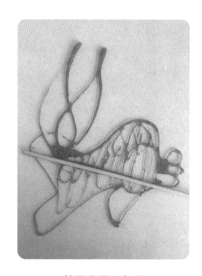

糖画作品·兔子

糖画作品·猴

糖画作品·鸡

糖画作品·狗

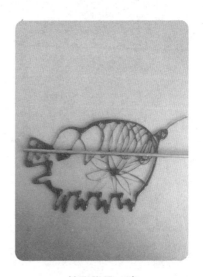

糖画作品·猪

糖画作品·凤凰

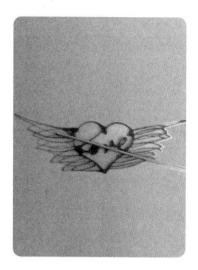

糖画作品·爱心

糖画作品·哆啦 A 梦

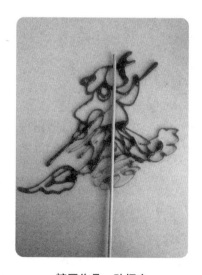

糖画作品·孙悟空

糖画作品·蝴蝶

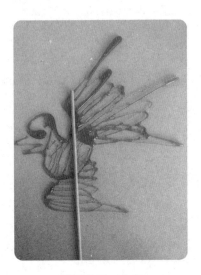

糖画作品·小鸟

糖画作品·小猪佩奇

三、糖画纸质版

糖画纸质版·茄子

糖画纸质版·玉米

糖画纸质版·辣椒

糖画纸质版·大萝卜

糖画纸质版·大蒜

糖画纸质版·莜麦菜

糖画纸质版·西红柿

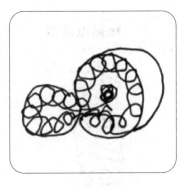

糖画纸质版·藕

糖画纸质版·草

糖画纸质版·小草

糖画纸质版·树叶（之一）

糖画纸质版·树叶（之二）

糖画纸质版·玫瑰花

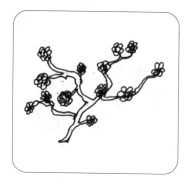

糖画纸质版·梅花

糖画纸质版·菊花

糖画纸质版·斗羊

糖画纸质版·山羊（之一）

糖画纸质版·山羊（之二）

糖画纸质版·静观其变

糖画纸质版·猴尖猴尖的

糖画纸质版·梦想

糖画纸质版·大公鸡

糖画纸质版·半夜鸡叫

糖画纸质版·斗鸡

糖画纸质版·一鸣惊人

糖画纸质版·狗急跳墙

糖画纸质版·猪

糖画纸质版·贪得无厌

糖画纸质版·老鼠（之一）

糖画纸质版·老鼠（之二）

糖画纸质版·鼠目寸光

糖画纸质版·贼眉鼠眼

糖画纸质版·牛

糖画纸质版·耕牛

糖画纸质版·老牛

糖画纸质版·斗牛

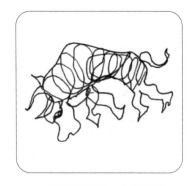

糖画纸质版·牛气冲天

糖画纸质版·赛牛

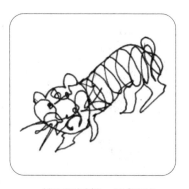

糖画纸质版·老虎下山

糖画纸质版·老虎

糖画纸质版·猛虎

糖画纸质版·鸽子

糖画纸质版·龙飞凤舞

糖画纸质版·龙腾虎跃

糖画纸质版·龙马精神

糖画纸质版·蛇

糖画纸质版·小蜜蜂

糖画纸质版·马不停蹄

糖画纸质版·凤凰

糖画纸质版·鸳鸯

糖画纸质版·小兔子

糖画纸质版·野猫

糖画纸质版·小狐狸

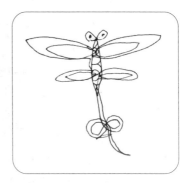

糖画纸质版·蜻蜓

糖画纸质版·鱼

糖画纸质版·草编茶杯垫

糖画纸质版·草编兜子

糖画纸质版·草编大蒜

糖画纸质版·草编笔筒

糖作坊歌谣、谚语

一、糖作坊歌谣

（一）

大糖匠，二糖匠，

锅前灶后就是忙；

挣了大钱掌柜留，

剩下自个一身伤。

心里有苦对谁述？

来年还得来熬糖。

（二）

1

灶王爷，本姓张，

骑着马，挎着枪。

上上方，见玉皇。

好话多说，

赖话少讲。

回来请你吃灶糖。

2

年年有个家家忙，

二十三日祭灶王。

两边摆上两盘果，

中间献上一碟糖。

黑豆干草一碗水，

灶马贴在灶板上。

炉前焚烧香一炷，

灯台高挑明晃晃。

当家的过来忙下拜，

祝拜灶王爷，

上天言好事，

回宫降吉祥。

（三）

七十二行不如卖糖好，

听我把卖糖夸一回：

一出门，

铜锣先打十三梆，

做官不能有此威，

终朝每日绕街串，

九门提督不让谁！

史太奈本是我们祖，

我们祖师不委祟。

（不低三下四）

（四）祭灶歌

灶王爷，本姓张，

骑着马，挎着枪。

好吃的，兜里装，

大街上的香灶糖。

吃上一块又一块，

满嘴都是甜又香。

上上方，见玉皇，

好话你多说，

赖话你少说。

上天言好事，

下界降吉祥。

（五）送灶王歌

灶王爷，本姓张，

骑着马，挎着枪，

家住上方张家庄。

张家庄有个老员外，

老员外所生有三子：

老大就把玉皇做，

老二就把城隍当，

剩下老三没有位，

思思量量到下方。

到下方，当灰王，

当灰王，守灰堆。

小佳人，来扒灰，

弄得你，可脸黑。

可脸黑，别生气，

回到上方你要仔细。

好话多说，

赖话少说，

来年把你还供着。

（六）颂灶

锣鼓震心敲，

灶王下天曹。

纱帽红袍地位高，

家家都管着。

"上天言好事"，

万民多逍遥。

丰衣足食乐陶陶，

饥寒看不着。

"下界保平安"，

香火钦天官。

座前供果万民摊，

嘻笑看熬煎。

（七）卖糖谣

嘿，买哟买哟买哟，贱卖哟！

快要卖光了。

一角五随便挑，

快要卖光了。

哦，买哟，买哟！

头插金簪的女人，

头发漂亮的姑娘，

一样的价来这儿吧！

哦，买哟，买哟，买哟！

快要卖光了。

哦，买哟，贱卖哟！

一角五随便挑，

快要卖光了！

城市里的南瓜麦芽糖，

火车马车装来的麦芽糖，

听说过了，可吃过了吗？

四四方方的桃米麦芽糖，

黏又黏的黏米麦芽糖，

红红绿绿的高粱麦芽糖，

凸凸凹凹的土豆麦芽糖，

大窟窿的喇叭麦芽糖，

拧了劲儿的绳子麦芽糖！

城市里的南瓜麦芽糖，

火车马车装来的麦芽糖，

听说过了，可吃过了吗？

哦，买哟贱卖哟！

一角五随便挑，

快要卖光了，

哦，买哟，买哟！

（八）卖糖

吃么糖，有么味儿，

仁丹薄荷冒凉气儿。

吃糖块儿那个有糖味儿，

打饱嗝儿流酸水儿，

菠萝蜜和香蕉真是好滋味儿。

（九）拜灶

东家喜来东家旺，

东家发财置田庄。

师兄师弟十几个，

做活来在宝府上。

糖酒烟茶好招待，

谢谢东家掌柜娘。

今儿个晚上歇歇斧，

唱篇灶书表心肠。

今日宝府来唱灶，

慌得东家脚手忙。

大人忙着搬桌子，

小孩忙着扛板凳。

男人出门借响器，

女人开柜找衣裳。

一本灶书千行泪，

七世姻缘不成双。

有心灶书从头唱，

七世姻缘书太长。

掐头去尾起中唱，

唱段万良休丁香。

今晚若是唱不完，

灶君府

　明晚后晚再接上。

　唱灶规矩先拜灶，

　拜罢灶王嗓才亮。

　有回唱灶没拜灶，

　下得场上腿筛糠；

　有回唱灶没拜灶，

　唱了上板忘下腔；

　有回唱灶没拜灶，

你起我落接不上；

有回唱灶没拜灶，

张嘴一唱哑了嗓……

往常唱灶人十二，

今儿个唱灶人六双。

人角够了灶好唱，

人角缺了不排场。

谁应大来谁应小？

谁应爹来谁应娘？

谁个去应小妈角，

谁个去应小生郎？

谁个去应石公子？

谁个去应王满香？

谁个去应老姑姑？

谁个去应二姨娘？

谁个去应猴里猴蹦安童子？

谁个去应大脚大手小梅香？

谁个去应花言巧语说媒婆？

谁个去应摇头晃脑算命郎？

谁个去应咳咳咔咔老员外？

谁个去应弯腰驼背欧四娘？

谁个去应张瑾玉？

谁个去应郭丁香？

三三角色派停当，

众人同去东厨房。

厨房本是灶君府，

灶君府里拜灶王。

一边走走一边看，

细观东家好宅庄。

东楼紧对西楼盖，

门楼盖的三滴水，

五子炮支门两旁。

铺的坯头溜平地，

石灰抹的粉白墙。

狗棚鸡圈都盖瓦，

茅池（cì）也是彩画梁。

看来东家有官做，

接官亭盖南稻场。

众人边走边观看，

不觉来在东厨房。

厨房门有一副对，

请问上写啥文章？

你要不问俺不说，

你要问来俺才讲：

"东厨四方灶君府,

米面油盐葱蒜姜。"

"五味调和"门过子,

楹联一副整三方。

从前灶王他姓李,

今日灶王他姓张。

管他姓张还姓李,

反正换姓没换王。

读罢对文厨房进,

东家点起响炮仗。

灶前引着金银纸,

紫金炉里插上香。

跪下男来跪下女,

跪下男女一廊趟。

磕个头来作个揖,

灶王爷奶来拜上。

灶王忙来灶奶忙,

玉皇差你下天堂。

灶王爷奶天堂下,

受封住在东厨房。

家家香火把你敬,

户户灶台供你像。

灶台都在岁首换，

灶糖都在年底尝。

为啥世人将你敬，

你掌人间烟火纲。

年年你把天宫回，

腊月二十三晚上。

家家香火把你送，

送你二老回天堂。

愿你上天言好事，

愿你下界保吉祥。

今天俺们把灶拜，

灶书一篇俺唱唱。

磕罢头来作罢揖，

起身该去内花场。

生郎说他不忙去，

先到高庭走一趟。

妈角伸手来拦住，

叫声生郎听我讲：

拜灶俺们搭伙拜，

拜客还要你承当。

母猪虽大不犁地，

牯牛虽小能耩墒。

妈角搭头遮眼黑，

人前不能充傧相。

你先去把宾客应，

我去粉楼扮扮妆。

妈角一扮丁香女，

生郎一改张万良。

万良丁香夫妻配，

夫妻配对不成双。

磕磕绊绊三年整，

恩恩怨怨泪千行。

千行泪里话语多，

编成灶书年年唱。

二、糖的俗语

（一）打锣卖糖，各有各行。

（二）蜜糖吃多了，齁着的。

（三）蜜糖虽甜手艺苦。

（四）熬糖做酒，越吃越有。

（五）跟啥人学啥人，跟着糖匠吹糖人。

（六）木匠好当，缝隙难对。

　　　　画匠好做，颜色难配。

　　　　糖球好吃，拔糖最累。

（七）长木匠，短铁匠。

　　　　挑八股绳是货郎。

　　　　泥瓦匠，石刀亮，

　　　　砸凿子，把不长。

　　　　摔糖稀，叭叭响。

　　　　油匠锤，来回晃。

　　　　成衣铺，剪裁忙。

　　　　谁也离不开老八行。

（八）熬糖匠，眼睛毒，稍不注意糖就糊。

（九）若要富，做糖卖豆腐。

（解小洲　徐嘉仪　整理）

　　关于糖匠的故事，其实我在很早就开始搜集了，那时完全是靠着一些生活中的记忆。记得我小的时候，在长春的车站旁边的二道沟一带有老茂生糖果厂，那时候这个糖果厂十分出名，周边的许多人家每到过年过节就被招到糖果厂去帮着扒花生、糊糖纸，而且这种活计一干几乎就是一生，而且老茂生糖果厂十分讲究这种活动，也希望百姓参加。

　　老茂生糖果是很出名的一个糖果作坊，记得当年周总理和西哈努克亲王访问吉林的时候，特意到老茂生糖果厂参观，西哈努克亲王非常喜欢老茂生糖果厂的小白兔软糖，记得从那以后啊，老茂生糖果厂年年都要给西哈努克亲王准备一包小白兔糖果。而且吉林省的糖文化也很出名，有许多大的糖厂说起来和我也有关系，记得我在上大学的时候，我们学校进行社会实践就是到了九台"新中国糖厂"。

　　九台的新中国糖厂靠近吉林，之所以叫这个名字，就是因为这是新中国成立后成立的一个大糖厂，而且这里北方的糖的原料就是田野上的甜菜疙瘩，甜菜疙瘩是制糖的最好的原料，这种蔬菜长得就像萝卜根儿那么大，平常吃的时候并不好吃，特别是这种植物要等下霜以后，才能冒着雪顶着霜把它挖出来，含糖量极高，东北的许多大糖厂，包括新中国糖厂和范家屯糖厂都是靠这种原料来制造糖，而且东北所有的糖的加工作坊也都是来自甜菜。

甜菜，是农作物当中产糖的主要的来源，而且这种原料含糖量高，产量大，不惧东北寒冷和恶劣的生活环境，它们长得往往最大的一个能有十来斤，最小的一个也有三斤五斤，而且生产出的糖又白又脆生。记得在新中国糖厂和范家屯糖厂，这种糖，一开始靠人工的大锅去把它削碎以后进行熬制，后来就经过机械化的大量生产，这种糖在东北也越来越多，而南方则是蔗糖。

北方的糖文化以及到后来老茂生糖果厂、范家屯糖厂都是对糖进行加工，制造糖球儿、糖条儿、糖片儿和各种形状的糖，形成了糖文化，这也是清末民初东北最大的糖生产基地。那么在长春和东北的民间，糖作坊非常的多，特别我们知道民间蘸糖葫芦和一些生产灶糖的小户人家，几乎家家都会熬糖来做这种灶糖，而且每年到腊月二十三灶王爷上天这一天，东北的街头到处都是卖灶糖的小摊儿。

所以我们提起了糖匠，我们提起了糖作坊，我们提起了人们生活中离不开的甜甜的糖，就会想到那美丽的生活的记忆，那真是人类的乡愁啊。在北方这块土地上，糖匠的故事，糖的故事，就像糖的味道一样，甜甜蜜蜜地在人们的记忆中保留着，它是每一个人都不能忘记的记忆，我们整理出糖匠的故事我也感到很幸运，但是回头看也十分艰难，幸亏我遇见了我们的民间艺术家，我们的糖画艺术家马国俊和他的女儿马雁，才使得糖匠故事变得更加充分，在这里我深深地感谢他们，同时也要感谢诸多专家、好友，如李鉴踪、王智、吴永刚、佟明明、朱乃波，还有我的研究生解小洲、徐嘉仪、张靖鑫等弟子们，等等。糖画作品，均由糖匠马国俊和马雁所作。

走进糖匠的故事，其实我们走进了生活久远的记忆，也是人最想走进的记忆，因为在这种记忆当中，人们会对生活感到分外熟悉，这种熟悉包含着许多对祖先的怀念，对人类生产和生活的智慧的思考，以及对人生文化的梳理，所以我想，糖匠的故事其实也是我们每一个人甜蜜和幸福的故事。